高山峡谷地区大型水电工程
绿色施工总布置创新与实践

曹驾云　秦光辉　张慧霞　等　著

中国水利水电出版社
www.waterpub.com.cn
·北京·

内 容 提 要

　　本书是在总结多个水电工程施工总布置实践经验的基础上提炼的技术成果。本书共分5章，第1章为概述，介绍了传统施工总布置与绿色施工总布置的区别，并简述了绿色施工场地拓展技术、施工场地安全防治技术、场内交通系统布置技术、三维总布置设计技术等多项创新技术的主要内容；第2～6章分别对各项技术的设计思路、技术特点、工程实践进行阐述说明，并提供了大量的工程实例；全面阐述了减少用地、安全环保、节约资源的绿色施工总布置设计理念。

　　本书工程案例翔实，图文并茂，可供广大水利水电行业设计人员和建设管理人员参考阅读。

图书在版编目（ＣＩＰ）数据

高山峡谷地区大型水电工程绿色施工总布置创新与实践 / 曹驾云等著. -- 北京：中国水利水电出版社，2021.11
　　ISBN 978-7-5226-0122-9

　Ⅰ. ①高… Ⅱ. ①曹… Ⅲ. ①水利水电工程－工程施工－无污染技术 Ⅳ. ①TV512

中国版本图书馆CIP数据核字(2021)第209454号

书　　名	高山峡谷地区大型水电工程绿色施工总布置创新与实践 GAOSHAN XIAGU DIQU DAXING SHUIDIAN GONGCHENG LÜSE SHIGONG ZONGBUZHI CHUANGXIN YU SHIJIAN
作　　者	曹驾云　秦光辉　张慧霞　等著
出版发行	中国水利水电出版社 （北京市海淀区玉渊潭南路1号D座　100038） 网址：www.waterpub.com.cn E - mail：sales@waterpub.com.cn 电话：(010) 68367658（营销中心）
经　　售	北京科水图书销售中心（零售） 电话：(010) 88383994、63202643、68545874 全国各地新华书店和相关出版物销售网点
排　　版	中国水利水电出版社微机排版中心
印　　刷	清淞永业（天津）印刷有限公司
规　　格	184mm×260mm　16开本　12印张　292千字
版　　次	2021年11月第1版　2021年11月第1次印刷
印　　数	001—800册
定　　价	**80.00元**

　　我国河流众多，水能资源丰富。据统计，我国水能资源可开发装机容量约 6.6 亿 kW，年发电量约 3 万亿 kW·h，按利用 100 年计算，相当于 1000 亿 t 标煤，在常规能源资源剩余可开采总量中仅次于煤炭。中华人民共和国成立以来，水利水电开发建设事业蓬勃发展，截至 2020 年年底，我国水电总装机容量达到 3.8 亿 kW，年发电量 1.25 万亿 kW·h，折合标煤约 3.75 亿 t，在非化石能源消费中的比重保持在 50% 以上。经过多年发展，我国水电工程技术居世界先进水平，形成了规划、设计、施工、装备制造、运行维护等全产业链整合能力。因此，水电的合理开发，不仅将有效保障我国清洁电力供给，还将全方位推动我国经济社会的发展，并对减轻大气污染和控制温室气体排放起到重要的作用。为了系统地总结我国水电建设的经验和教训并从理论上提高行业设计水平，特以此专著收录和总结高山峡谷地区水电站工程的施工总布置设计创新技术，对推动我国的水电建设发展再立新功有着重要的意义。

　　施工总布置设计是水利水电工程施工组织设计的重要内容之一，其主要内容则是施工营地、施工辅助设施等所需场地的选择及利用规划设计、场内施工交通运输规划设计。设计成果既要坚持"方便生活，有利生产"的设计原则，又要体现"绿色环保、安全文明"的设计理念，同时施工场地利用规划设计、场内施工交通方案规划设计的合理性对工程建设投资有着重大影响。然而位于高山峡谷河道段的水利水电工程，由于地形地貌条件极差，河道两岸岸坡陡峻，两岸阶地极不发育，可供施工利用的有效场地极少，同时在极端天气条件下伴有泥石流、塌方等自然灾害发生，其施工总布置条件十分困难。因此，为满足工程施工的需求，常常需要在工程区域内现有的地形、地貌以及地质条件下采取各种综合工程措施以达到施工场地时间和空间的拓展。该专著以施工场地布置规划利用设计、场内施工交通布置方案设计为线索，以综合工程措施为手段，在施工场地空间拓展利用、场地安全防护治理、沟道治理、水土保持、环境保护、三维设计等方面，详细总结介绍了近 20 年位于高山峡谷地区河段的大型水利水电工程施工总布置设计的创新技术和工程实践经验，可供从事水电行业的工程技术人员阅读参考。

2021 年 6 月

当前，国内水电工程大多位于高山峡谷地区，具有地形陡峻、交通不便、投资额大等特点，而且水电工程建设的覆盖面、影响面均较广，特别是在当今大力倡导绿色节能、生态环保的社会大背景下，项目建设必须倡导绿色施工、保护环境、节约能源及资源。水电工程建设内容繁多、涉及专业众多，施工组织设计是设计、施工中一项必不可少的内容，施工总布置设计是施工组织设计重要内容之一，进行科学合理的施工总布置设计，不但能够节约施工用地，而且能够节约工程投资，有效地保护环境。

截至 2020 年年底，我国常规水电装机容量达 3.5 亿 kW，已建成数万座水力发电工程，在水电工程施工总布置方面积累了丰富的工程经验。水电工程施工总布置一般包括场内交通规划、施工场地空间及时间规划、施工分区规划、土石物料平衡及规划等，是一项复杂的系统工程。目前，我国水电工程大多位于西南山谷地区，具有地形陡峻、交通不便、基础设施条件差、施工场地匮乏等特点，施工总布置规划设计对工程的建设、用地、环境保护、投资等都有着制约性的影响。

本书在中国电建集团成都勘测设计研究院有限公司（以下简称中国电建成都院）近 20 年特大型水电工程施工总布置设计及实践工程经验总结的基础上，重点对高山峡谷地区水电工程施工总布置设计及工程实践进行总结提炼，提出了绿色施工场地拓展技术、施工场地安全防治技术、场内交通系统布置技术及三维总布置设计技术等 4 项绿色施工总布置技术。可供后续雅砻江、雅鲁藏布江、怒江等西南高山峡谷地区类似水电工程的设计工作参考、借鉴。

本书由中国电建成都院组织编撰，由施工总布置设计经验丰富的曹驾云、曹华、王建平、秦光辉、张伟锋、张慧霞、胡平、袁木等人员组成编撰团队，全面总结提炼了中国电建成都院近年高山峡谷地区水电工程施工总体布置设计和实践经验，历经 3 年时间，精心撰写。在撰写过程中，得到了中国电建成都院领导、科技信息档案部、勘测设计分公司技术委员会及施工部等相关单位和人员的大力支持和帮助，在此表示衷心感谢！

本书是水电行业第一本绿色施工总布置工程实践总结类专著，由于笔者水平有限，难免存在不足和不妥之处，热忱希望各位读者和同行专家批评指正。

作者

2020 年 12 月

目录

第1章

概　　述

1.1　传统施工总布置

改革开放以前，水电工程建设均由国家统筹建设，投资均按工程计划逐年调拨。工程总体布置是依据当时的国民经济状况及技术水平、道路交通建设等情况进行规划。水电工程多位于偏远山区，当地经济落后、可利用的社会资源匮乏，所以工程配置庞大的施工辅助设施和生活福利设施，戏称"傻大粗"。主要体现如下：

（1）工地交通不便，就要解决职工家属住房，子女上学的学校，看病的医院，娱乐的电影院等，修一座电站的同时就建一座城市。

（2）人工砂石系统技术应用以前，混凝土骨料要从很远的地方运输进去，龚嘴水电站修建了专用铁路从成都运输天然砂石骨料。

（3）大吨位汽车出现以前，电站建设首选轨道机车进行运输，其建设时效慢，占地面积大。

（4）社会技术力量薄弱，一切均靠电站建设单位自己，所以需要建设庞大的机械修配系统、汽车修配系统。许多零配件都需要自己加工，要储存大量的生产生活物资，修建大量的仓储系统。

综上所述，传统施工总布置占地面积很大。

1.2　绿色施工总布置

2013 年 9 月 7 日，习近平总书记在哈萨克斯坦纳扎尔巴耶夫大学发表演讲并回答学生们提出的问题，在谈到环境保护问题时他指出："我们既要绿水青山，也要金山银山。宁要绿水青山，不要金山银山，而且绿水青山就是金山银山。"这生动形象地表达了我们党和政府大力推进生态文明建设的鲜明态度和坚定决心。要按照尊重自然、顺应自然、保护自然的理念，贯彻节约资源和保护环境的基本国策，把生态文明建设融入经济建设、政治建设、文化建设、社会建设各方面和全过程，建设美丽中国，努力走向社会主义生态文明新时代。

工程建设过程中要践行"既要绿水青山，也要金山银山。宁要绿水青山，不要金山银山，而且绿水青山就是金山银山"的理念，就需要采用绿色施工技术。绿色施工技术是指工程建设中，在保证质量、安全等基本要求的前提下，通过科学管理和技术进步，最大限度地节约资源并减少对环境负面影响的施工活动，实现节能、节地、节水、节材和环境保护（"四节一环保"）。实施绿色施工，应依据因地制宜的原则，贯彻执行国家、行业和地方相关的技术经济政策。绿色施工技术并不是独立于传统施工技术的全新技术，而是用可持续的眼光对传统施工技术的重新审视，是符合可持续发展战略的施工技术。

水电工程是系统庞大的工程，涉及建筑物较多，土建工程量大，施工过程中需要大量建设临时设施，需要的施工场地较多，绿色施工总布置主要体现在节约用地及土地资源保护方面，且施工布置不宜占用耕地，应避让、保护工区及周边的古树名木。近年来，多数电站位于高山峡谷地区，水电工程施工场地匮乏，施工布置极其困难，践行绿色施工总布置，主要体现在如下几个方面：对弃渣填筑后的场地加以利用，实现节地生态；对沟道进行沟水处理，或对泥石流沟采取泥石流防护措施后利用沟道拓展施工场地；将河滩地和阶地采用垫高防护措施获得施工场地，实现节约用地；充分利用地下空间，将砂石加工系统或混凝土生产系统中占地面积最大的成品料堆采用骨料竖井布置型式，将炸药库布置于地下等；另外，对于高山峡谷地区水电工程，针对各工程的实际施工条件，针对不同的作业面采用合理的物料运输系统，如采用胶带机等，以减少布置道路，节约用地。

1.2.1　绿色施工场地拓展技术

西南地区水能资源富集，但水电工程均地处高山峡谷地区，地形地质条件复杂，沟谷深邃，地表高差起伏大，土地资源稀缺，可供工程直接利用为施工场地的滩地、坡地极少。工程附近的零星耕地，均为当地居民的生产生活用地，若作为工程施工场地临时征用，不仅加大了工程建设征地、移民安置难度，对当地居民的生产生活也会带来重大影响。

遵循"因时制宜、因地制宜、方便生活、便于生产、便于管理、经济合理以及安全可靠"等原则，采用一定工程措施拓展绿色施工场地，并应用于多个工程。实践证明，不同的绿色施工场地拓展技术是可行、可靠、经济、合理的。

（1）河道沟道施工场地拓展技术：利用工程永久占地范围的库区河道、沟道，通过合理布置排水洞或导流洞，将河水、沟水引排至下游，在河道、沟道形成超大基坑，通过工程弃渣填筑后可拓展出大量施工场地供工程使用。

（2）河滩地施工场地拓展技术：在不影响河道安全行洪的条件下，通过弃渣垫高至设计水位以上并辅之与挡墙防护方式拓展坝址区附近河滩地。

（3）地下空间施工场地拓展技术：借鉴城市地下空间利用概念，将水电工程的部分临时设施，如砂石加工系统部分建筑物、混凝土系统部分建筑物以及供水系统、仓储系统等布置在地下，不仅运行更加安全可靠，且能有效解决施工场地不足的矛盾。

（4）渣场施工场地递进式拓展技术：大型水电工程的开挖施工一般持续时间较长，约3～5年，渣场的堆渣从开始到结束也将持续较长时间。对于大型、特大型渣场，可根据地形条件分区、分台阶递进式堆存，合理动态规划堆渣范围，利用堆渣过程中形成的临时宽缓平台，作为水电工程前期项目的施工场地，是一种绿色施工场地拓展技术。

（5）施工时序调整拓展施工场地技术：通过优化调整水电工程部分建筑物的施工时

序，即在不新增大量施工设施项目的前提下，通过优化与调整现有施工项目的施工顺序与施工时间，为其他施工项目创造或提供有效的施工平台或施工空间，也是一种绿色施工场地拓展技术。如在干流河道上下游围堰位置设置分流挡渣堤，通过提前实施导流洞工程，可将大坝基坑拓展为施工集渣场地提前利用。

1.2.2 施工场地安全防治技术

高山峡谷地区施工场地大多会面临边坡危岩、山洪、滑坡、泥石流等地质灾害威胁。为保障有限的施工场地能被充分利用、安全运行，需采取一些安全防治措施。主要防治技术包括施工区边坡危岩体防治、场地防护、沟水处理、泥石流防治措施、水保环保措施等，采用其中一种或多种措施的组合技术实现了施工场地的安全、绿色、环保。

1.2.2.1 危岩体防治技术

高山峡谷地区，施工场地周边边坡多高陡，基岩裸露，在长期风化卸荷作用下，存在危岩高悬，对施工场地形成安全隐患。为保证场地的安全，必须采取防治措施。积累多个工程经验，总结了一套完整的危岩体防治技术，即局部开挖清理、喷混凝土、锚杆、预应力锚索、拦石墙、防护网、浆砌石及混凝土顶固、混凝土嵌补等综合防治技术；并且对于稳定性较差、体积较大的危岩体加强安全监测。

1.2.2.2 沟水处理技术

高山峡谷地区水电工程多利用支流（沟）作为堆渣和施工场地。支流（沟）具有沟床纵坡大、两岸地形高陡、沟道推移质多等特点。总结多个高山峡谷地区水电工程沟水处理成果，形成多个适用于高山峡谷地区的沟水处理技术：挡水坝＋排水洞＋出口消能台阶技术、挡水坝＋排水洞＋出口泄槽技术、挡水坝＋排水洞＋旋流消能竖井技术、透水坝技术、排水箱涵技术。

1.2.2.3 泥石流防治技术

高山峡谷地区泥石流多为沟道型泥石流和坡面型泥石流。针对泥石流的特点，分别采取相应的防治措施。主要措施有拦挡停淤＋及时清理、排导、高低位分层过流等。主要形成了以下技术：排导槽（洞）技术、多孔坝拦挡技术、桩林坝技术、高低位进水口（塔）分层过流技术。

1.2.3 场内交通系统布置技术

1.2.3.1 斜坡卷扬道运输布置技术

上下高差大，运输量较小时，采用架设斜坡卷扬道的运输方式解决常规公路运输长度较长、展线困难、对环境破坏较大且不经济的问题。

1.2.3.2 长胶带输送机布置技术

运输量大、距离长时，若用公路运输，会造成道路等级提高、场内交通繁忙、能耗高、废气排放多、不环保、不经济等问题。采用长距离空间曲线胶带机（管带机），既能较好地适应地形地质条件，又能降低运行成本，做到环保、节能。

1.2.3.3 立体交通网络布置技术

高山峡谷地区水电工程施工战线长，上下高差大，从河床到坝顶，再到坝顶环境边坡,上下高差往往高达数百米至千余米,工程物料运输量大、分布范围广。一般在坝顶以下形成高中低多层公路网络。为了减少开挖对边坡的破坏,以及上下施工安全,以洞线为主。局部为解决物料自上而下垂直运输,采用竖井溜渣运输方式。对坝顶边坡以上的环境边坡治理工程,物料是以自下而上的运输为主,一般采用简易索吊方式解决。因此,场内交通运输根据地形条件、物料品种及分布、运输强度等,规划形成一个立体交通网络。

1.2.3.4 可视化仿真技术

水电工程场内物料运输主要有土石方开挖渣料、料场开挖料、混凝土骨料、胶凝材料、钢筋钢材、机电设备物资、油料炸药、生活物资等,种类繁多,运行方向具有往返性,场内各道路的物流错综复杂,因此采用可视化仿真技术模拟复杂的场内物流运输情况,分析找出各道路的高峰运输强度、车流量、各道口车辆拥堵排队情况,从而优化物流调运规划,优化各道路设计等级标准,达到环保节约的目的,实现绿色施工布置。

1.2.4 三维总布置设计技术

1.2.4.1 场内交通三维设计技术

场内交通的三维设计可以利用 Catia、Civil 3D 等软件实现快速三维设计,道路三维设计可根据地形实现公路开挖、回填工程量精确计算,可通过对明线道路轴线不断地调整尽量实现挖填平衡,减少工程量。

1.2.4.2 渣场三维设计技术

渣场的三维设计可以利用 Catia、Civil 3D 等软件参数化设计,构建渣场三维模型,并能够快速输出渣场的容量、渣顶面积等数据信息。三维渣场容量计算快速准确,可避免因二维计算精度较差造成的误差。

1.2.4.3 大型施工场地三维设计技术

施工场地三维设计可以利用 Catia、Civil 3D 等软件参数化设计,构建场地平整三维模型,精确输出场地平整的开挖、回填工程量及场地面积等数据信息,为场地的利用提供精确的数据。

1.2.4.4 施工设施三维设计技术

施工设施的三维设计可以利用 Catia、Revit 及 Civil 3D 等软件参数化设计,首先建立施工设施零件库,如砂石系统可首先建立粗中细碎车间、筛分车间、废水处理车间、横排架等零件库;然后进行拼装形成砂石加工系统。通过对施工设施的三维设计可以直观反映场地面积是否满足需求,并达到直观展示效果。

1.2.4.5 三维协同设计技术

三维协同设计指利用设计云平台,将一个工程建立多个节点,如分别建立场内交通、渣场、施工场地、施工设施等多个节点,每个节点下还可以细分多项设计,可实现多人同时利用云平台进行设计。三维协同设计可以随时互相查找各项目之间关系,进行及时修正,达到统一设计,减少后期拼装工作量,对牵涉项目众多的施工总布置设计非常适用。

第 2 章

绿色施工场地拓展技术

高山峡谷地区水电工程大多施工场地匮乏，施工布置极其困难。大型水电工程施工需要大量的施工场地，如堆渣场地、砂石加工场地、混凝土生产场地、金属结构加工场地、钢筋木材加工场地、机电安装场地、施工营地等，工程区内现有的场地条件往往无法满足要求，需拓展一些"新"场地。如提前征用库区淹没用地；考虑工程施工时空关系，提前工程永久性建筑物用地、渣场顶部及各过程平台、地下空间等形式，拓展出大量的绿色安全环保的施工场地供工程施工使用。

2.1 河道沟道施工场地拓展技术

2.1.1 技术特点

坝址水库淹没区为工程永久占地范围，一般在工程建设后期征用，为拓展施工场地，可考虑提前征用。对坝址上游弯曲河道、上下游沟道通过合理布置导流洞或排水洞，可将河道和沟道作为弃渣场加以利用，且弃渣填筑后可以获得较大面积的绿色施工场地，实现节地生态绿色施工布置。

河道截弯取直拓展施工场地技术，目前两河口水电站的庆大河得到成功运用，另在岗托水电站预可行性研究阶段设计采用了该技术，并通过审查。

沟道拓展施工场地技术，在高山峡谷地区大型水电工程中广泛成功应用。如溪洛渡水电站的溪洛渡沟和豆沙溪沟、两河口水电站的瓦支沟和左下沟、锦屏一级水电站的印把子沟和道班沟、长河坝的响水沟等，均在坝址上下游沟道内拓展了大量绿色施工场地，满足了工程建设需要。利用沟道拓展绿色施工场地前，需对沟水进行引排处理，对泥石流沟还需采取泥石流防护措施。

2.1.2 工程实践

2.1.2.1 河道截弯取直拓展施工场地技术

1. 两河口水电站庆大河应用实例

两河口水电站位于四川省甘孜藏族自治州雅江县境内的雅砻江干流上，为雅砻江中、下游的"龙头"水库。坝址位于雅砻江干流与支流鲜水河的汇合口下游约 2km 河段。水库正常蓄水位 2865m，相应库容 107.67 亿 m³，调节库容 65.6 亿 m³，具有多年调节能力，电站装机容量 300 万 kW，为大（1）型工程。枢纽建筑物由砾石土心墙堆石坝、溢洪道、泄洪洞、放空洞、地下厂房等建筑物组成，最大坝高 295m。

两河口水电站需要大量的施工场地。坝址上游阶地不发育，无施工场地；坝址下游阶地多为耕地或民房，且为少数民族地区，征地极其困难。施工场地条件严重制约工程建设。

庆大河位于两河口水电站坝址上游左岸，为雅砻江一级支流，在坝区附近与雅砻江汇合。根据河道走向，考虑对庆大河采取截弯取直，将河水引排至雅砻江内，从而获得可供利用的施工场地。庆大河沟水处理工程主要建筑物由挡水坝和排水洞组成，排水洞进口位于庆大河支沟瓦支沟沟口附近，出口位于雅砻江左岸、庆大河汇口上游约 700m 处。通过沟水处理工程，在庆大河内形成长度约 2500m、总容量约 2500 万 m³ 的渣场。同时，渣场堆渣顶高程按 2658.00m、2672.00m、2730.00m 三个平台控制，获得约 50 万 m² 超大施工场地。该场地布置有 1 号掺和场、大坝反滤料和掺合料加工系统、暂存料场等重要施工设施。

渣场三个平台的顶高程均低于水库正常蓄水位 2865.00m，为水库淹没区范围，提前将其利用可节约工程用地，大幅缓解了工程施工场地匮乏难题。两河口庆大河施工场地布置如图 2.1 所示。

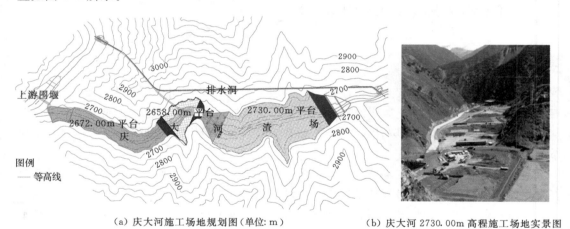

（a）庆大河施工场地规划图（单位：m）   （b）庆大河 2730.00m 高程施工场地实景图

图 2.1 两河口庆大河施工场地布置图

2. 岗托水电站坝前河道应用实例

岗托水电站位于金沙江上游干流上，为金沙江上游水电规划的第 4 个梯级，是金沙江上游规划的"龙头"水库，岗托水电站正常蓄水位 3215m，库容 55.42 亿 m³，具有年调节性能，装机容量 1100MW，坝高约 236m，为 I 等大（1）型工程，挡水、泄水、引水发电等主要建筑物按 1 级设计，次要建筑物按 3 级设计。

岗托水电站施工区场地稀缺，仅下游 5km 范围内有部分狭长阶地可供利用，上游有零星小块河滩地，但围堰挡水后，将被淹没。坝址位于河道反 S 形河段中，具备采用截弯取直获得绿色场地的条件。

设计采用在右岸布置导流洞，导流洞向上游延伸至 S 形河段前，通过截弯取直将江水直接引排至坝址下游，在坝上游形成 1.2km 长的超大基坑，可解决工程前期约 260 万 m³ 弃渣堆存，填渣后形成近 20 万 m² 的施工场地。场地内布置 2 号混凝土系统、2 号施工机械停放、有用洞渣料暂存场等施工场地。岗托水电站施工布置如图 2.2 所示。

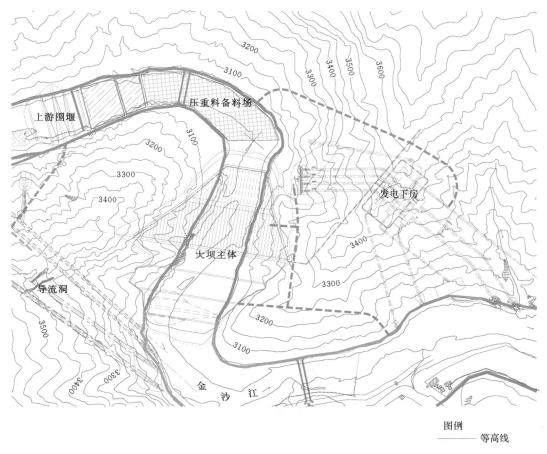

图 2.2　岗托水电站施工布置图（单位：m）

截弯取直河道拓展施工场地技术较好地解决了岗托水电站施工场地匮乏难题，为高山峡谷地区大型水电工程施工布置开拓了思路，值得推广应用。

2.1.2.2　沟道拓展施工场地技术

1. **两河口水电站瓦支沟应用实例**

两河口水电站坝址左岸上游庆大河的支沟瓦支沟，通过沟水处理和泥石流防治工程，在瓦支沟内布置 2 号渣场，渣场容量 2900 万 m³。

渣场顶高程按 2730.00m、2800.00m 控制，渣顶平台形成约 30 万 m² 超大施工场地。该场地布置有混凝土骨料加工系统、混凝土生产系统、2 号掺和场、大坝反滤料和掺合料加工系统等大型重要施工临时设施。

渣场两个平台顶高程均低于水库正常蓄水位 2865m，为水库淹没区范围，大幅节约施工占地面积，实现了绿色施工布置。两河口水电站瓦支沟施工场地布置如图 2.3 所示。

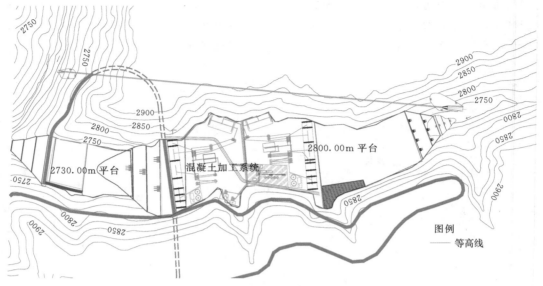

（a）瓦支沟施工场地规划图（单位：m）

（b）2800.00m 平台场地实景图　　　　　　　　　（c）2730.00m 平台场地实景图

图 2.3　两河口水电站瓦支沟施工场地布置图

2. 锦屏一级水电站印把子沟应用实例

锦屏一级水电站工程区所在位置河谷深切，两岸基岩裸露，岸坡陡峻，阶地不发育，呈典型的峡谷地貌。坝区附近可供利用的平缓山坡与滩地很少，除坝址附近沿江两岸谷坡底部、冲沟出口处有零星的小块缓坡地带外，主要场地集中在大坝上游 10km 的兰坝乡，大坝右岸下游 5.5km 大坪以及大坝左岸下游 14.4km 的大沱才有较为平缓的地形可供施工场地利用，因此施工布置条件较差。坝址左岸上游 3km 有三滩沟，左岸下游约 6km 有印把子沟；右岸下游 2km 有道班沟，右岸下游 3km 有棉纱沟。为满足工程弃渣和施工场地布置需要，工程建设中综合利用了坝区上下游的这几条支沟，其中以印把子沟为典型。

印把子沟渣场位于锦屏一级水电站坝址下游左岸约 6km，并处于锦屏二级水电站库内，沟内常年流水。可行性研究阶段渣场规划容量 1444 万 m³，渣场顶高程 1900.00m，是锦屏一级水电站下游的主要渣场。该渣场规划堆放锦屏一级水电站弃渣约 628 万 m³，锦屏二级水电站弃渣约 500 万 m³，在前期堆放部分场内公路施工时产生的弃渣。在印把子沟沟口布置有砂石加工厂，同时有场内公路（辅助公路）从渣场下部通过。为满足施工安全及环保、水保要求，以及锦屏二级水库的安全运行，采取排水洞将沟水引排至雅砻江锦屏二级水电站库内。

实施阶段，印把子沟永久排水洞围岩地质条件较差，施工进度无法满足工程堆渣进度需要，采取先在沟底修建临时排水箱涵，沟口采用 62m 高的加筋土工格栅挡墙，以满足沟口段堆渣形成砂石系统场地需要。印把子沟永久沟水处理措施采用进口设置浆砌石引渠拦沟引水、左岸布置排水隧洞，隧洞末端接 2 级消能竖井，竖井底部再接平洞段，平洞尾部设置挑流的消能措施。2012 年 "8·30" 特大暴雨诱发泥石流，印把子沟采用了 3 道多孔拦挡坝和 1 道梳齿坝及高位进水塔等泥石流综合防治措施。

在采取了沟水处理及泥石流防护措施后，工程获得了约 60 万 m² 的堆渣及施工布置场地。在沟口布置了印把子沟砂石加工厂，在沟右侧布置印把子沟 35kV 施工变电站和印把子沟砂石加工系统临时营地；后期渣场堆渣分几个大台阶分别堆渣，利用堆渣形成的临时大马道布置施工机械停放及修理厂、钢筋加工厂等临时施工场地，在渣顶垭口平台布置大坝模板加工厂等施工场地，共布置施工场地约 20 万 m²。同时主体工程施工采用提前截流等施工时序优化，土石方调运有相应调整，印把子沟渣场堆渣高程抬高到 2025.00m，堆渣量增加到 2600 万 m³。

锦屏一级工程印把子沟采用沟水处理和泥石流防护等综合治理措施后，同时解决了工程堆渣和施工场地匮乏的难题，为锦屏一、二级水电站的建设和安全运行打下坚实的基础。印把子沟施工布置如图 2.4～图 2.7 所示。

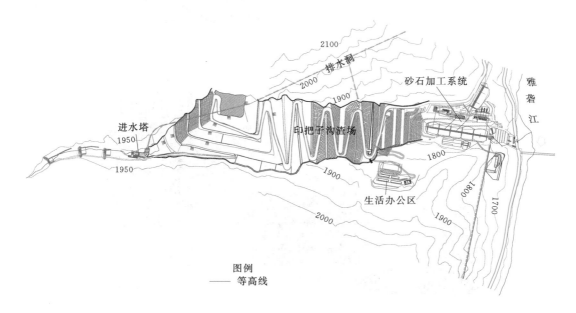

图 2.4　印把子沟施工布置图（单位：m）

图 2.5 印把子沟渣场建设后期远景图

图 2.6 印把子沟渣场沟口砂石加工厂布置图

图 2.7 印把子沟渣场平台施工设施布置图

3. 叶巴滩水电站降曲河应用实例

叶巴滩水电站位于金沙江上游河段上，系金沙江上游13个梯级水电站的第7级。坝址位于金沙江支流降曲河口下游600m，左岸属四川省甘孜藏族自治州白玉县，右岸属西藏自治区昌都市贡觉县。水电站正常蓄水位2889m，水库总库容10.8亿m³，调节库容5.37亿m³，水电站装机规模2240MW，多年平均年发电量为91.83亿kW·h。水电站枢纽建筑物由混凝土双曲拱坝、泄洪消能建筑物、引水发电建筑物三大系统组成，混凝土双曲拱坝坝顶高程2894.00m，最大坝高217m。

叶巴滩水电站工区施工场地十分匮乏，降曲河为金沙江左岸一级支流，河口距坝址约0.6km，施工场地及渣场充分利用降曲河，从降曲河河口至河内约3km范围内，通过沟水处理（修建拦河坝及排水洞）后布置降曲河渣场，渣场分为开挖料弃渣区和混凝土骨料回采区两个区。降曲河渣场弃渣区布置于降曲河口至河内约1.8km范围内，主要堆放导流洞、进水口、右岸缆机平台、边坡治理及河道防护、水垫塘及二道坝、大坝基坑、部分场内公路等部位弃渣和引水发电系统洞挖无用料。弃渣区设计渣顶高程2770.00～2855.00m，最大堆渣高度约120m，堆渣量1343.27万m³，占地面积29.82万m²。

降曲河弃渣区顶部平台利用作为施工场地，主要布置有：2号砂石加工系统、机械修配厂、汽车保养站、金属结构拼装及堆放场、施工机械停放场、钢管加工厂。

降曲河渣场回采区位于降曲河内弃渣区上游，主要堆放导流洞、压力管道、地下厂房、尾水隧洞、尾水调压室等部位可用作加工混凝土骨料的洞渣料。首先堆放回采洞渣储备料作为垫底，之后上部堆放需要完全回采的洞渣料，回采区累积堆渣量435.44万m³，混凝土骨料回采量293万m³（折自然方200.1万m³），回采区最终堆渣量约142.59万m³。叶巴滩水电站降曲河施工场地布置如图2.8所示。

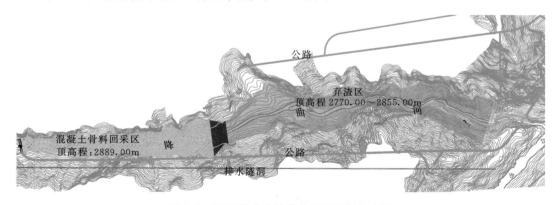

图2.8　叶巴滩水电站降曲河施工场地布置

2.2　河滩地施工场地拓展技术

2.2.1　技术特点

高山峡谷地区水电工程，地形狭窄陡峭，河滩地和阶地一般较狭长，汛期大部分位于水下，位于坝前的河滩地在围堰挡水后将被淹没，无法作为工程施工场地。本着少占耕地，节约用地的原则，可采取一些工程措施，利用上述河滩地作为施工场地。

利用工程开挖弃渣料将河滩地或阶地垫高到施工期防洪水位以上，迎水坡面采用混凝土或浆（干）砌石护坡，坡脚设置混凝土挡墙，并抛大块石或钢筋石笼等防冲防淘措施，确保场地稳定安全。

为获得较大面积的施工场地，经经济技术方案比较后，可采用土工格栅加筋技术，将边坡坡率由常规的 1：1.5 提高到 1：0.5 左右，上部平台宽度将大幅加宽，从而获得更大面积的施工场地。

采用该技术，即可消纳部分工程弃渣料，缓解渣场容量压力，又可获得大量施工场地，充分实现节约占地的绿色施工布置技术。

2.2.2　工程实践

2.2.2.1　两河口水电站下游河滩地应用实例

两河口物资仓库为两河口水电站的配套项目，物资仓库场地位于坝址左岸下游约 11.0km 处白玛大桥上游侧，距下游业主营地约 2.0km，地形相对较缓，为河滩地，汛期部分位于水下，前期已堆存部分施工渣料，该处河滩地采取堆渣回填至防洪水位高程以上后拟作为物资仓库施工场地利用。

两河口水电站物资仓库主要满足甲方提供的钢筋、钢材、袋装水泥等物资的堆放要求。为了满足物资储存以及进出场车辆通行要求，规划场地宽度不宜低于 45m，场地面积不小于 30000m²。场地防护标准根据《水电工程施工组织设计规范》（DL/T 5397—2007）按 20 年一遇设计，水位为 2601.6～2602.4m。

场地平整方案若采用常规的堆渣自然形成施工场地，渣体边坡为 1：1.75，渣体顶部仅可形成宽度为 31.5m、面积为 18000m² 的施工场地，场地宽度和面积均不能满足物资仓库的布置要求。

若采用传统的支挡结构，挡土墙最大高度约 16m，高度太高，基础处理量大，工程造价高，不宜选取。在渣体边坡中加土工格栅，调整边坡系数为 1：0.8，渣体顶部可形成的施工场地的最小宽度为 47.5m，场地面积 30200m²，能够满足物资仓库的布置要求，河滩地典型剖面如图 2.9 所示。

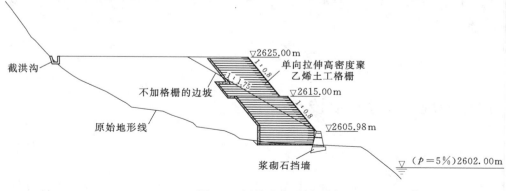

图 2.9　河滩地典型剖面图

在土体中加入土工格栅不仅能形成满足物资仓库布置要求的施工场地，而且增强了场地承载力，可通过摩擦力将土工格栅的抗拉强度高以及土体的抗压强度高等优点结合起来，大幅度提高土体的整体稳定性。

物资仓库场地边坡表面采用土工格栅反包环保土袋的形式，在土袋内装入带草籽的种植土，以绿化环境。土工格栅加筋边坡反包环保土袋示意图如图2.10所示。

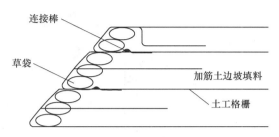

图 2.10　土工格栅加筋边坡反包环保土袋示意图

边坡稳定计算采用 FHWA（Federal Haighway Administration）法，该方法属于极限平衡法范畴。HFWA 方法先假设土体中无拉筋，用土压力理论计算侧向土压力，然后再将拉筋置于土体中来抵抗土压力，加筋土体根据潜在破裂面，分为非锚固区和锚固区，非锚固区筋材传递拉力，锚固区筋材承担锚固力。

加筋边坡的验算采用毕肖普（Bishop）条分法进行加筋体外部、内部及深层圆弧稳定分析。采用传统的未加筋边坡稳定分析方法找出边坡的最危险滑动面，并分别考虑滑动面经过边坡中部、坡脚及深层地基的情况。根据未加筋边坡的最危险滑动面，将拉筋拉力的抗滑作用计入稳定计算中。边坡圆弧滑动稳定分析简图如图2.11所示。

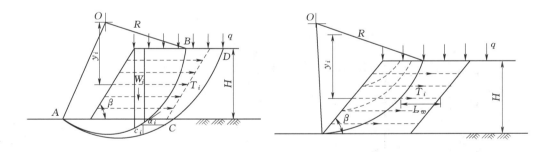

图 2.11　边坡圆弧滑动稳定分析简图

两河口水电站物资仓库场地边坡高度约20m，分两级布置，每级高度约10m，边坡系数为1:0.8，场地顶部加均布荷载40kPa，另外考虑工程区所在地地震基本烈度为Ⅶ度，水平地震加速度取值0.14g。地震状态下边坡圆弧滑动安全系数计算结果如图2.12所示。

物资仓库场地边坡为施工场地边坡，参考《水电水利工程边坡设计规范》（DL/T 5353—2006）中边坡的类别及级别划分，为 A 类Ⅲ级边坡，偶然状况下的安全系数为1.0。物资仓库施工场地边坡在地震烈度Ⅶ度的工况下，稳定系数为1.38，满足边坡安全系数的要求。边坡圆弧滑动破裂面结果分析如图2.13所示。

土工格栅加筋土结构属于柔性结构，相对于传统类型的支挡结构具有施工方法简单、施工工期短、适应地基变形能力强、边坡系数大、边坡高、造价较低等优点，能解决传统支挡结构无法或难以解决的工程问题，在高山峡谷地区场地平整中具有推广应用价值。两河口物资仓库如图 2.14 所示。

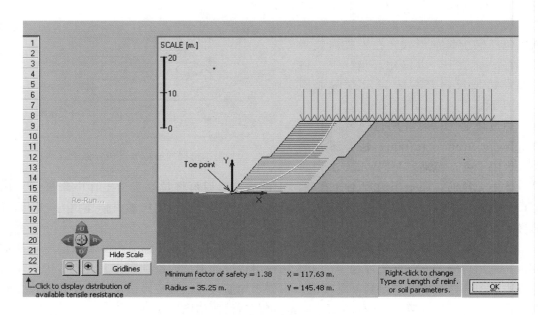

图 2.12　地震状态下边坡圆弧滑动安全系数计算结果

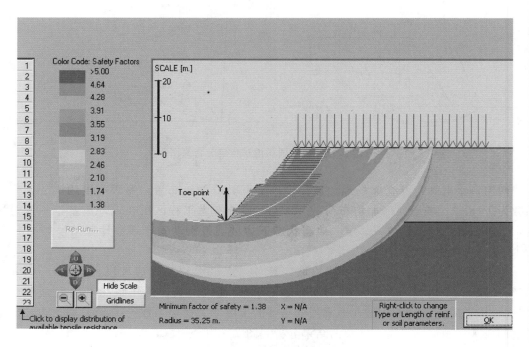

图 2.13　边坡圆弧滑动破裂面结果分析

2.2.2.2　猴子岩水电站大牛场河滩地应用实例

猴子岩水电站位于四川省甘孜藏族自治州康定市境内，是大渡河干流水电规划 22 级开发方案的第 9 个梯级水电站，水库正常蓄水位 1842m，总库容 7.06 亿 m³，死水位 1802m，调节库容 3.87 亿 m³，具有季调节性能。电站装机容量 1700MW，采用堤坝式开发，枢纽建筑物主要由拦河坝、两岸泄洪及放空建筑物、右岸地下引水发电系统等组成。拦河坝为混凝土面板堆石坝，最大坝高 223.50m。右岸 1 条溢洪洞和 1 条泄洪放空洞，左岸 1 条深孔泄洪洞和 1 条非常泄洪洞。枢纽工程为Ⅰ等大（1）型工程，主要永久水工建筑物级别为 1 级，次要永久水工建筑物级别为 3 级。

图 2.14　两河口物资仓库

猴子岩水电站地处大渡河峡谷地区，施工场地匮乏。大牛场位于坝址上游约 3km 处，S211 省道外侧为 1500m 长的河滩地，道路内侧为部分缓坡阶地，但围堰挡水后，位于洪水位以下。工程前期施工弃渣缺乏渣场，考虑将该部分弃渣堆存在大牛场，采取工程措施垫高防护并利用渣场顶部作为施工场地。

大牛场垫高防治工程应以不影响河道行洪为基本原则，尽量少占或不占用行洪断面；整治后的场地顶高程应与后侧 8 号公路和沿线 S211 省道（含改线）高程相协调；形成场地应满足施工布置、水保及环保等要求；堆渣容量尽可能满足工程弃渣要求。

大牛场场坪上布置有 1 号承包商营地、土料加工厂，其又作为猴子岩水电站的一处弃渣场，主要堆存导流工程、场内交通等处的工程前期弃渣，所以场地平整既要保证场地的使用面积，又要保证能堆存足够的工程弃渣。

大牛场场地防护标准根据《水电工程施工组织设计规范》（DL/T 5397—2007）按 20 年一遇设计，相应流量为 4950m³/s，根据导流上游水位与流量关系，相应水位为 1735m。

考虑场地坡脚受洪水冲刷影响，因此采用 C20 混凝土挡墙，挡墙外侧采用大块石护脚。1735.00m 高程以下坡面采用 50cm 厚的 M10 浆砌石护坡。1735.00m 高程以上采用干砌石护坡。为保证场地面积，场地边坡坡度比为 1∶1.5。大牛场场地平整高程 1746.00～1755.00m，可平整场地面积 7.5 万 m²。

大牛场场地坡脚线沿枯期水边线 10m 外范围进行布置，布置长度约 1640m。挡墙采用重力式和衡重式两种型式，其中重力式挡墙墙高不大于 5m，顶宽不大于 0.8m，面坡倾斜坡度 1∶0.05，背坡倾斜坡度 1∶0.3，采用 1 个扩展墙址台阶，台阶高 0.5m，宽 0.5m；衡重式挡墙墙身总高 5.5～9.0m，上墙高 2.2～3.6m，墙顶宽 0.6～1.0m，台宽 1.0～1.8m，面坡倾斜坡度 1∶0.05，上墙背坡倾斜坡度 1∶0.5，下墙背坡倾斜坡度 1∶-0.25，采用 1 个扩展墙址台阶，台阶高 0.5m，宽 0.5m；挡墙沿墙每隔 10～20m 及与其他建筑物连接处设置伸缩缝，地基变化处设置沉陷缝，缝宽 2cm，缝内沿墙的前、后、顶三边填塞沥青木板；挡墙沿墙高和长度方向设置 2m×2m 梅花

图 2.15 建设中的猴子岩水电站大牛场场地垫高防治工程

形分布的排水孔。

在大牛场场地内侧 4 处冲沟处设置集水坑与 8 号公路的排水涵洞相接，并在场地上设置排水渠将水排入大渡河，其中 1 处采用 5m×5m×4m（长×宽×深）集水坑和 2m×2m 排水渠，其他 3 处采用 2m×2m×2m（长×宽×深）集水坑和 1.5m×1.5m 排水渠。场内排水采用 0.5m×0.5m 排水边沟排入集水坑内。建设中的猴子岩水电站大牛场场地垫高防治工程如图 2.15 所示。

2.3 地下空间拓展技术

2.3.1 技术特点

高山峡谷地区，地质条件复杂，泥石流、滑坡、危岩体分布广泛、数量较多，工程施工所需要的地表场地极其有限，从工程建设经济性、技术可行性、施工安全性、生态环保性等多角度全面考虑，可将诸多施工设施布置于地下，充分利用地下空间。

洞室跨度和高度对地下洞室的造价影响较大，为了节省工程投资，在满足施工设施布置基本要求的前提下，宜将地下洞室设置为长条形。

施工供水系统，各水处理池及清水池采用长条形。其他辅助车间也都进行条形布置。洞室跨度和高度不宜太大、一般取 5~15m，围岩地质条件较好时，取高值。

在砂石加工系统或混凝土生产系统中，成品料堆是占地面积最大的，在高山峡谷地区是难以布置的。因此考虑将成品砂石骨料堆布置在地下，采用骨料竖井布置型式，一般竖井直径 8~20m、深度 40~70m。

为了安全，炸药库大多布置在地下，且要求有一定埋深。单库储量不宜太大，各库间应隔一定安全距离。单库尺寸一般约 8m 宽、7m 高、10~30m 长。库间距一般为 30m 以上。埋深不小于 30m。

2.3.2 工程实践

2.3.2.1 锦屏一级水电站净水厂应用实例

锦屏一级水电站坝区供水系统采用沟、江结合供水方案，即共建设 2 个净水厂：高位净水厂、低位净水厂各 1 个，主要供水池左岸 2 个，右岸 3 个，坝区地形高陡，无布置水厂的地表场地，因此将其全部布置在山体内的地下洞室里，具体布置如下：

1. 高位沟水净水系统

该系统供水范围涵盖整个坝区，供水规模 3300m³/h。主要包括：取水口、净水厂、输水管线、加压泵站以及蓄水池等。其中，取水口布置在道班沟沟水处理系统上游

1895.00m 高程，设拦渣坝、溢流堰、净水厂进水口、冲砂闸等；自流取水至净水厂。采用洞内式将净水厂布置在道班沟沟水处理系统下游 1850.00m 高程。由净水厂自流至棉纱沟 1790.00m 高程的 1 号蓄水池，1 号蓄水池向大坝左岸 1700.00m 高程的 3 号蓄水池自流供水（枯水期停止供水，由低位净水厂供给左岸）；净水厂加压向右坝肩高程 1917.00m 的 2 号蓄水池供水。

高位水厂布置在道班沟下游右岸 1850.00m 高程山体内，有 2 条絮凝沉淀池隧洞，2 条清水池隧洞和 1 条控制室隧洞，其中絮凝沉淀池长度分别为 60m 和 40m，开挖断面均为 17.7m×11.98m（宽×高）；清水池紧接絮凝池布置，长度分别为 70m 和 85m，开挖断面均为底宽 10.1m，高 11.35m；控制室为城门洞型隧洞，开挖断面为宽 7.0m，高 10.1m，隧洞长 10m。道班沟高位净水厂平面布置如图 2.16 所示。

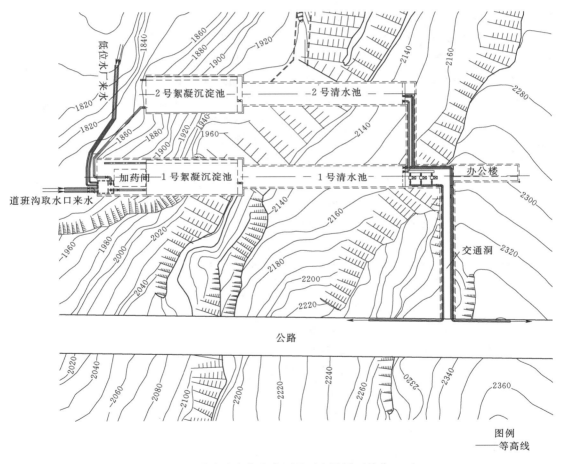

图 2.16　道班沟高位净水厂平面布置图（单位：m）

2. 低位江水净水系统

该系统主要在枯水期沟水水量不足时进行补充供水，主要包括：取水泵站、净水厂、输水管线等，清水池及加压泵站与高位沟水处理系统共用。

低位净水厂采用地下式，布置在道班沟沟口右岸 1670.00m 高程。低位净水厂主要包括：调节池、絮凝沉淀池、清水池、加药间、送水泵房、补水泵站等水处理构筑物；以及值班楼、交通洞等辅助建筑物。低位水厂布置规模与高位水厂相当，布置型式基本相同。

2.3.2.2　锦屏一级水电站大坝左岸变电站应用实例

锦屏一级水电站施工期用电分为三滩、大坝右岸坝肩、大坝左岸坝肩、大坪、印把子沟、大沱营地等 6 个供电区域，并按 6 个区域分别设置 6 个二级施工变电站，分别为三滩右岸 10kV 开关站、大坝右岸 35kV 变电站、大坝左岸 35kV 变电站、大坪 10kV 开关站、辅助洞 10kV 开关站、印把子 35kV 变电站、大沱 10kV 变电站。其中，大坝左岸 35kV 变电站和辅助洞 10kV 开关站均采用地下布置的形式，下面就以大坝左岸 35kV 变电站为例介绍该变电站的相关设计与布置方案。

1. 站址选择

大坝左岸 35kV 变电站的建设期与左岸高、中、低三线公路的建设期有部分重合。受公路建设的影响，变电站的站址高程应不低于高线 6 号公路的高程（该公路在坝址附近高程为 1870.00～1950.00m）。考虑到变电站的主变压器容量为 10000kVA，运输重量为 18t，应利用 6 号高线公路进行运输和进站，选择的站址应与 6 号公路同高程。

坝址左岸附近地形陡峻，地质条件复杂，在 1870.00～1950.00m 高程的区域内，场内交通公路主要以洞线为主。在左岸的特殊地形和地质条件下，变电站如果采用一般布置型式，无疑将大大增加土建投资，也增加了施工的技术难度。为保证变电站的安全，选择在公路隧洞具备成洞条件的位置开挖支洞，将变电站布置于支洞中。

根据现场调查，6 号公路坝址段有两处具备成洞条件。一处位于 4 号洞口上游洞内，有 80m 左右的挤压破碎带，站址避让此区域后，将远离已建的 35kV 进线终端塔，不仅给 35kV 进线电缆选型带来难度，同时增加了电缆的长度，不利于电缆的安全，也不经济；另一处具备成洞条件的地方位于 4 号洞口下游洞内约 30m，且已建的 35kV 终端塔就位于 4 号洞口外侧，电缆进出较方便。故变电站的站址选择在 6 号公路 4 号洞口下游洞内约 30m 的位置。

2. 平面布置及交通运输

变电站总体布置型式。考虑进站道路引接及出线条件站址的规模、地形及地质条件、土石方的开挖等因素，经多方案比较后提出如下总平面布置方案：

大坝左岸 35kV 变电站为地下工程。6 号公路路宽 6m，由 6 号公路 2 号隧道分别进入本变电站两洞室，洞口宽 4.6m，一洞室内布置有 35kV 高压开关柜、10kV 高压开关柜、控制室、休息室；另一洞室内布置有变压器室、无功补偿装置室。同时两洞室通过交通洞甲级防火门相连。进出站道路由坝区 6 号公路直接引接，路面宽度 6.0m。

大坝左岸 35kV 变电站为地下工程，总建筑面积 562m²，为两个可直通洞外 6 号路 2 号隧洞的独立地下洞室，两洞室之间通过交通洞相连。一洞室布置有 40.5kV 高压开关柜、12kV 高压开关柜、控制室、休息室，建筑尺寸为 24.3m×10.5m（长×宽），建筑高度 6.0m；另一洞室内布置有变压器室、无功补偿装置室，建筑尺寸为 17.2m×9.94m（长×宽），建筑高度 6.0m。同时在主要设备及工作用房设有防火门，在变压器室设有 370mm 厚防火墙，满足消防要求。

2.3.2.3　溪洛渡水电站大坝高线混凝土系统应用实例

溪洛渡水电站大坝高线混凝土系统位于右岸坝肩至二坪沟之间，顺江长 320～340m。地形上呈陡缓相间，560.00m 高程以下为陡壁；560.00～620.00m 高程为宽 60～70m 的 12 层中等缓坡，地形坡度一般为 30°～40°；620.00～700.00m 高程为 13 层玄武岩陡壁；700.00～715.00m 高程为宽 45～50m 的平台；715.00～730.00m 高程为 14 层基岩小陡坎，呈不连续分布；730.00m 高程以上为堆积体中等缓坡，地形坡度一般为 30°～40°。高线混凝土系统后缘坡体较完整，没有大的冲沟分布，仅发育 2 条小的冲沟。

高线混凝土系统布置需结合混凝土出料平台高程和缆机供料平台高程布置。大坝坝顶高程为 610.00m，系统位于大坝右坝肩的狭窄区域内，施工场地十分紧张，必须充分考虑系统工艺流程与地形山势相结合布置。

在 560.00～630.00m 缓坡台地设置 610.00m 平台，布置 2 座 4×4.5m³ 型混凝土拌和楼，在 4 号公路到 610.00m 平台之间设进车通道，满足混凝土运输车辆循环通行要求。在上平台设置 705.00m 平台，除布置制冷车间和 12 个粉料罐等设施外，还需布置成品骨料堆场，现场地形狭长，布置大型料堆困难，且成品骨料至拌和楼平台高差太大，运输困难。因此考虑将成品骨料布置在地下，采用竖井型式，布置 4 个粗骨料竖井（直径 12m，深 65m，每个容量为 7000m³）和 2 个细骨料竖井（直径 10m，竖井深 55m，容量共计 8000m³）。

系统布置充分利用了地形山势，布置合理、紧凑，减少了与相邻工程的施工干扰，利用地下空间布置骨料竖井，减少了施工占地并有利于系统运行。

2.3.2.4　两河口水电站炸药库应用实例

两河口水电站大坝为砾石土心墙堆石坝，大量堆石料需从料场开采。根据全工程分年度炸药用量表，其年最高用量为 5290t，建设期 10 年总量为 34717t，最高月用量为 440t，平均月用量为 300t。根据工程运输条件，炸药库储量需按一个月用量考虑，结合工程的特点和实际使用情况（火工品由专业公司采购经营管理，高峰使用时部分炸药可直接配送至工地，而不通过仓库中转），仓库储量按 20d 用量设计：硝铵、乳化炸药储量 238.5t（含导火线），分 3 个单库，单库储量 79.5t；雷管储量 60 万发。

炸药库露天布置需要较大的施工场地，且距周边要有足够的安全距离。在工程区无法找到满足要求的场地，因此考虑将炸药库布置在山体内。

从 2 号公路磨子沟沿进库专用公路进入交通洞，沿交通洞内布置 3 个外"八"字形的炸药仓库（1 号、2 号、3 号仓库），在交通洞出口外布置一雷管库（4 号仓库），专用道路从出口环状至隧洞入口外；交通洞洞轴线长度 260m，隧洞跨度 7.5m，采用直墙三心拱，直墙高 4.1m，拱高 2.168m，路面宽 6.0m，两侧各设 0.75m 宽人行检查通道。各地下仓库的内部距离按缓坡地形岩石洞库间安全允许距离确定。

交通洞净轴线长 272m，净跨 7.5m，口部采用 7.5m 直墙拱结构，长度为 32m，为 500～700mm 厚 C25 钢筋混凝土衬砌，后面段均采用直墙三心拱，6.0m 段净高 6.6m，用 C25 混凝土锚喷支护厚度为 120mm。洞内地面为普通水泥混凝土地面，下垫 C10 混凝土垫层。地面坡度为 3.0%。

引洞与交通洞垂直布置，前后分为两段，前段为停车位及装卸车台，后段为连接通道。前段净轴线长 16.7m，净跨 7.5m，为贴壁式混凝土直墙三心拱结构。起拱高

4.432m，拱高 2.168m，拱顶高 7.0m。锚喷混凝土被覆厚度为 120mm，混凝土强度等级为 C25。洞内地面为普通水泥混凝土地面，下垫 C10 混凝土垫层。地面坡度为 1.0%。为方便车辆进出，引洞与交通洞直墙相交处，做圆弧形转角（r=6.0m）。

排风机室及投光灯室设于连接通道与主洞之间，净尺寸为 3.0m×2.7m，门开在第二通道内（防护密闭门以外），并装设防火密闭门一道。该室与主洞隔墙上设双层玻璃密闭窗一道，有一层为高强度玻璃。

1 号、2 号、3 号炸药库轴线长 36m，净跨 7.7m，净使用面积 216m²；4 号库为雷管库，轴线长 21m，净跨 7.7m，净使用面积 126m²。洞库为离壁式钢筋混凝土三心拱结构，净跨 7.5m，起拱高 2.5m，拱高 2.25m，拱顶高 4.75m。钢筋混凝土被覆厚度为 250mm；混凝土强度等级为 C25。离壁被覆拱脚处设钢筋混凝土挑檐板支撑，以 1:6 的坡度伸向岩壁，并嵌入岩壁 500mm。洞库毛洞开挖面作 120mm 厚的喷锚支护，并设钢筋网，以满足围岩抗爆炸地震波稳定及防潮需要。拱顶至围岩间最小间距不小于 600mm。两河口水电站炸药库布置如图 2.17 所示。

图 2.17　两河口水电站炸药库布置图

室内地面为普通水泥混凝土地面，下垫 C10 混凝土垫层，垫层上为卷材防潮层。

2.3.2.5　锦屏一级水电站右岸高线混凝土系统应用实例

锦屏一级水电站混凝土总量约 780 万 m³，大坝工程混凝土生产系统分为高线混凝土系统和低线混凝土系统。其中高线混凝土系统生产约 576 万 m³，需满足混凝土月高峰浇筑强度 20 万 m³。系统生产能力 600m³/h，混凝土预冷系统需满足预冷混凝土浇筑高峰期月平均强度约 16 万 m³ 的供应，预冷混凝土设计生产能力 480m³/h。混凝土拌制后，卸入 9.6m³ 运输车运至缆机给料平台。

右岸高线混凝土系统主要由 2 座拌和楼（各配 2×7.0m³ 强制式搅拌机）、骨料竖井、胶凝材料罐、制冷车间、二次筛分车间、一次风冷骨料仓、废水处理车间等，以及混凝土运输循环道路组成。

高线混凝土系统布置于右岸坝肩下游 1885.00～1975.00m 高程的岸坡，结合坝肩边坡开挖和地形条件，分 4 个台阶布置，包括 1975.00m 高程缆机平台、1917.00m 高程二次筛分平台、1910.00m 高程一次风冷平台、1885.00m 高程拌和平台，拌和楼平台宽40～50m，其他两个平台宽约 25m。无布置大型成品骨料堆的场地条件，同样考虑采用竖井型式储存骨料。

高线混凝土系统骨料仓采用 4 个直径 12m、高 53m 的地下竖井粗骨料仓和 2 个直径10m、高 53m 的地下竖井细骨料仓，6 个骨料竖井底部布置 1 条地下出料皮带输送廊道进行连通，外接 6 条地下皮带输送廊道至 1917.00m 高程高线混凝土系统筛分冲洗及预冷骨料仓平台。骨料竖井总储存量约 30000m³，满足右岸高线混凝土系统 2d 以上需用量。锦屏一级水电站右岸高线混凝土系统布置如图 2.18 所示。

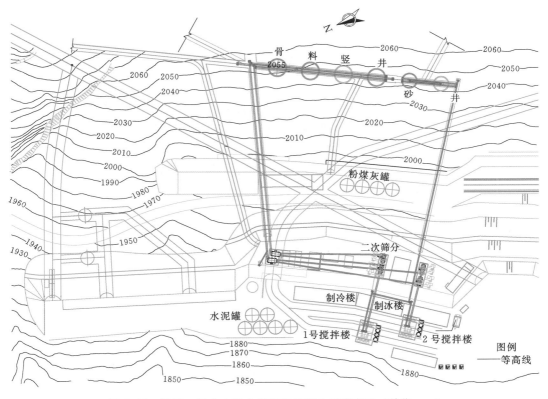

图 2.18　锦屏一级水电站右岸高线混凝土系统布置（单位：m）

2.4　渣场施工场地递进式拓展技术

2.4.1　技术特点

高山峡谷地区的水电工程，堆渣场地匮乏，渣场一般设置在沟道内。采用先实施临时沟水处理工程、后实施永久沟水处理工程，或者分期实施永久沟水处理工程，可有效解决工程筹建期的弃渣问题，同时满足环保、水保要求。

大型水电工程开挖一般持续 2～3 年时间，有的时间更长。因此渣场的堆渣也会持续存储较长时间，堆渣过程中渣场的体形会不断变化。根据工程开挖施工进度，合理规划堆渣区域，充分考虑堆渣时空关系，利用渣场堆渣过程中形成的平台布置前期施工场地，即渣场施工场地递进式拓展，能较大程度地缓解前期施工场地布置困难。

渣场沟水处理设计和施工程序的优化在锦屏一级水电站、两河口水电站等工程建设中发挥了重要作用，为后续施工项目提供了有效、安全、便利的施工场地，且有效地减少了移民征地。渣场递进式填筑形成的场地是施工总布置中拓展施工场地的一种良好有效方式，极大丰富与完善了高山峡谷地区大型水电工程施工总布置技术。

2.4.2　工程实践

2.4.2.1　锦屏一级水电站印把子沟渣场应用实例

在锦屏一级水电站施工过程中，弃渣场排水建筑物通过分期实施或设置临时排水设施的方案，既满足了工程弃渣要求，同时为其他施工项目创造了良好的施工场地条件。

印把子沟渣场为锦屏一级、二级水电站工程的主要渣场之一，规划弃渣量约 1444 万 m^3。2003 年 12 月，印把子渣场永久沟水处理工程开工建设，但排水洞因受地质条件影响，工程进展难以满足 2005 年汛前具备规模弃渣的进度要求。

2004 年 12 月，印把子沟临时排水工程开始施工，施工项目包括箱涵入口消能段、排水箱涵段和出口段。引水明渠段总长约 68m；排水箱涵总长约 1408.425m，箱涵过流面尺寸 2.0m×3.0m（宽×高），外观断面 3.2m×4.2m（宽×高）。2005 年 5 月 31 日，印把子沟临时排水工程完工，满足工程弃渣需要。

先期在沟口 600m 范围内堆存弃渣，回填形成 1720.00m 高程平台，以满足印把子沟砂石系统场地布置要求，随后逐步向沟内堆渣推进，形成渣顶平台，布置前期钢筋加工厂、施工机械停放场、机修车间等临时设施。

为满足渣场永久安全需要，印把子沟永久排水洞工程于 2008 年 12 月恢复施工，2011 年 6 月完工。渣场实际堆渣高程由规划时的 1900.00m 提高至 2000.00m，堆渣量约 2600 万 m^3。

在分层堆渣过程中每隔 50～60m 高形成一个大台阶，分序推进，逐步堆高。利用各台阶形成时间差布置部分临时施工设施，如在 1780.00m 高程台阶布置基础处理标施工场地、1850.00m 高程平台布置砂石系统标临时场地、1920.00m 高程平台布置了大坝标模板加工厂、钢筋加工厂等临时设施。利用不同时期形成的渣场平台布置施工场地，共节约施工占地面积约 10 万 m^2。

通过印把子沟渣场堆渣施工程序优化，在满足渣场安全要求的前提下，同时满足了施工弃渣和施工场地拓展的需求。

2.4.2.2　两河口水电站左下沟渣场应用实例

左下沟渣场为两河口水电站主要弃渣场之一，规划弃渣量约 550 万 m^3。主要用于堆存下游围堰、下游河道整治工程、左下沟石料场和西地土料场开采剥离弃料以及部分施工辅助工程开挖弃渣。

在可行性研究设计阶段,为满足工程筹建阶段项目施工弃渣和主体工程施工弃渣要求,左下沟永久沟水处理工程实施前需进行临时沟水处理。

2006 年 12 月 20 日,左下沟临时沟水处理工程开工;2007 年 4 月 1 日,沟口段 200m 范围排水箱涵首先实施完成,满足首批筹建项目施工弃渣堆渣要求;2007 年 8 月 31 日,左下沟临时沟水处理工程完工,渣场设计范围全部具备堆存弃渣要求。

2010 年 8 月 1 日,左下沟永久沟水处理工程开工;2012 年 5 月 31 日,左下沟永久沟水处理工程完工,满足了环保、水保以及安全要求。

左下沟临时沟水处理工程完工后,渣场范围不但满足了 2007 年 9 月至 2012 年 5 月期间工程施工弃渣要求,而且通过递进式弃渣填筑形成了施工场地,满足了其他筹建准备及主体工程对施工场地不同时序的需求。左下沟渣场规划布置如图 2.19 所示。

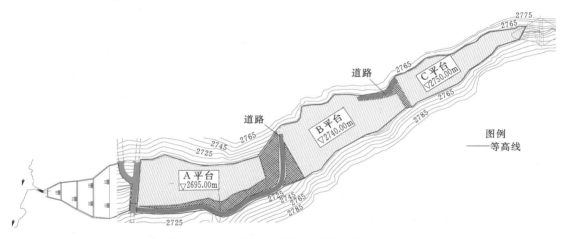

图 2.19 左下沟渣场规划布置图(单位:m)

2.4.2.3 两河口水电站庆大河渣场应用实例

两河口水电站庆大河渣场位于坝址上游左岸的庆大河内,按渣顶高程 2658.00m、2760.00m 核算,渣场设计容量约 2550 万 m³。弃渣区主要用于堆存初期导流工程开挖料、左岸泄洪系统部分不可用的开挖料、中后期导流工程部分不可用的开挖料、引水发电系统部分不可用的开挖料以及瓦支沟部分石料场开采剥离料、部分施工辅助工程开挖弃渣;回采区主要用于堆存电站进水口和开关站的可利用开挖石料、左岸泄洪系统、中后期导流工程洞身和引水发电工程的可利用洞挖料。渣场沟口段弃渣区顶部布置了 3 号掺和场。

1. 可行性研究设计阶段

(1)设计标准:建筑物级别为 3 级,采用 50 年一遇洪水标准,相应设计流量为 595m³/s。

(2)建筑物设计:主要建筑物为挡水坝和排水洞。

挡水坝坝顶高程为 2700.00m,最大坝高约 72.3m,坝顶宽 10.0m,坝顶轴线长约 179.0m,上游边坡坡比 1:2.0,下游边坡坡比 1:2.0。坝体防渗考虑采用土工膜心墙,土工膜最大挡水高度约 55m，土工膜心墙两侧各设顶宽 2.0m 的粗砂垫层和 3.0m 的过渡层。坝基覆盖层防渗采用厚 1.0m 的混凝土防渗墙，混凝土防渗墙最深约 23m。坝基及坝肩透水率大于 10Lu 的部位，进行帷幕灌浆，帷幕灌浆最深约 50m。

排水洞洞身结构型式为圆拱直墙式，过水断面尺寸均为 6.5m×8.0m（宽×高），Ⅴ类围岩段均采用 0.8m 厚的钢筋混凝土全断面衬砌，Ⅳ类围岩段均采用 0.6m 厚的钢筋混凝土全断面衬砌。排水洞出口采用台阶消能。

2. 实施阶段

为满足庆大河施工区筹建工程弃渣要求，实施阶段庆大河排水洞分两期实施。一期工程为出口段排水洞工程，为截弯取直，工程量小，实施难度小，仅较可研设计相比增设一个进口。项目于 2007 年 12 月 25 日开工，2009 年 1 月完工。二期工程为沟内段排水洞以及挡水坝工程，于 2010 年 11 月开工，2012 年 6 月完工。

3. 分期实施应用与实践

分期实施庆大河渣场排水洞工程，有效解决了庆大河工区 2009 年 1 月至 2012 年 6 月期间关于筹建项目弃渣的难题，一期工程渣场范围通过递进式弃渣填筑形成了施工场地，满足了其他筹建准备及主体工程对施工场地不同时序的需求。

庆大河渣场规划布置如图 2.20 所示。

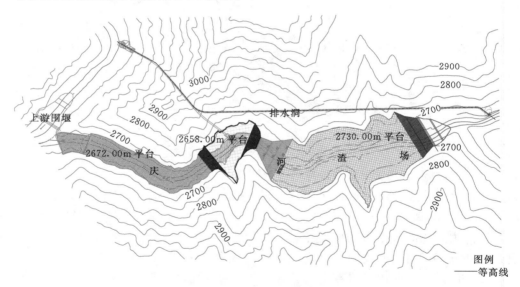

图 2.20　庆大河渣场规划布置图（单位：m）

2.4.2.4　两河口水电站瓦支沟渣场应用实例

两河口水电站瓦支沟渣场位于坝址上游左岸的庆大河支沟瓦支沟内，按渣顶高程 2730.00m、2800.00m 核算，渣场设计容量约 2950 万 m³，主要用于堆存坝肩开挖料、基坑开挖料、左岸泄洪系统部分不可用的开挖料、中后期导流工程部分不可用的开挖料、引水发电系统部分不可用的开挖料以及两河口、瓦支沟石料场部分开采剥离弃料和部分施工辅助工程开挖弃渣。

瓦支沟渣场不仅是工程主要弃渣场之一，同时渣场填筑形成的平台为主体工程主要的施工场地，规划布置了混凝土骨料加工系统、反滤料和掺和料加工系统、泄水建筑物工程标混凝土生产系统、钢筋木材加工厂以及机械设备停放场等设施，规划利用场地面积约28万 m^2。

在两河口水电站设计过程中，瓦支沟渣场顶平台的形成和使用既充分考虑到电站死水位发电要求，同时兼顾了施工场地不同阶段的使用需求。通过土石方调运规划研究，调整石料场弃料剥离施工时序，即提前开展料场剥离施工，渣场通过弃渣填筑，递进式形成施工场地满足了主体工程施工要求，并有效减少了征地和移民。

1. 渣顶平台高程的选择

两河口水电站水库蓄水采用分期蓄水的方式。具体蓄水规划如下：

第8年11月1号、2号导流洞下闸，第8年11月至第9年4月进行初期导流洞封堵，封堵期间由5号导流洞泄流。第8年11月至第9年4月坝体挡水度汛，设计洪水 $Q_{p=0.2\%}=1640m^3/s$，相应水位为2711.00m；校核洪水 $Q_{p=0.1\%}=1790m^3/s$，相应水位为2716.90m。

第9年5月5号导流洞弧形闸门调控下泄流量，在满足下游需水要求的前提下开始蓄水，蓄水至高程2745.00～2750.00m时5号导流洞下闸封堵，第9年10月底完成5号导流洞封堵，封堵期间由3号、4号导流洞泄流。第9年5月至第10年11月坝体挡水度汛，设计洪水 $Q_{p=0.2\%}=6830m^3/s$，上游水位约为2789.01m，校核洪水 $Q_{p=0.1\%}=7260m^3/s$，上游水位约为2790.61m。

第10年11月3号导流洞下闸，第10年11月至第11年4月底进行3号导流洞封堵，封堵期间由4号导流洞泄流。第10年11月至第11年4月设计洪水 $Q_{p=0.2\%}=1640m^3/s$，最低水位为2785.00m，校核洪水 $Q_{p=0.1\%}=1790m^3/s$ 时，最低水位为2785.00m。

第9年10月第一台机组发电。第11年5月底，枢纽建筑物完建。

为满足大坝分期蓄水要求，并保证瓦支沟渣场平台使用至工程完工，选择瓦支沟渣场平台为2800.00m高程。

2. 渣场分阶段使用规划

实施阶段，为复核瓦支沟渣场递进式堆渣形成场地的时间能否满足主体工程施工需要，2014年3月开展了专项研究工作。由于两河口水电站枢纽区的庆大河渣场和左下沟渣场也为工程主渣场，同时渣顶平台也规划为施工场地，为便于整体把控，将三个渣场一并纳入统筹开展研究。研究工作分为以下三个阶段：

第一阶段：复核两河口水电站工程枢纽区各个渣场现状，包括已堆存渣量和剩余容量。

第二阶段：复核两河口水电站工程剩余弃渣量及弃渣曲线。

第三阶段：最终复核场地形成时间场地能否满足工程施工需要，以及需要采取的措施。

（1）渣场现状：以测量计算为依据，具体见表2.1。

（2）施工场地需求：以进场施工的开挖工程标实际施工进度安排，拟进场的三大主体标施工进度计划以及建设单位确定的项目总体建设目标，分析确定场地需求计划以及施工场地与弃渣量关系表，见表2.2和表2.3。

表 2.1　　　　　两河口水电站坝址区渣场现状特性（2014 年 3 月）

渣场名称	部　　位	设计容量 /万 m³	剩余容量 /万 m³	备　　注
庆大河 渣场	A 区一期	450	103	
	A 区二期	55	55	
	B 区垫渣区	50	7	
	B 区回采区	190	190	
	备用弃渣区	850	850	
	小计	1595	1205	
瓦支沟 渣场	一期 A 区（3 号公路与 13 号公路的路堤）	2270	83	
	一期 B 区（11 号公路与 13 号公路的路堤）		610	
	二期 A 区（2730.00m 高程平台）		142	
	二期 B 区（2800.00m 高程平台）		1350	
	小计	2270	2185	已堆渣约 85 万 m³
左下沟渣场	A、B、C 平台	550	50	已堆渣约 500 万 m³
合计		4415	3440	

表 2.2　　　　　　　　　通过弃渣填筑形成施工场地时间表

日期	施　工　场　地	发　生　部　位
2015 年 5 月	左下沟 3 号渣场 A、BC 三个平台场地、瓦支沟 2730.00m 平台、3 号和 13 号公路路堤	左下沟 3 号渣场、瓦支沟 2730.00m 平台、3 号和 13 号路堤路堤形成
2015 年 11 月	11 号和 13 号公路堤	瓦支沟渣场 2800.00m 高程
2016 年 1 月	反滤料和掺和料加工系统场地	瓦支沟 2800.00m 平台
2016 年 3 月	大坝工程标 1 号掺和场一期场地	庆大河 1 号渣场 A 区一期 2658.00～2672.00m 高程
2017 年 1 月	瓦支沟混凝土骨料加工系统和瓦支沟混凝土生产系统场地	瓦支沟 2800.00m 平台
2018 年 3 月	大坝工程标 1 号掺和场二期场地	庆大河 1 号渣场 A 区二期 2658.00m 高程
2020 年 4 月	大坝工程标 2 号掺和场场地	瓦支沟 2800.00m 平台

表 2.3　　　　　　　　施工场地需求时间与弃渣需求量关系统计表

日期	控制性项目要求	发生部位	分期弃渣料需求量/万 m³	弃渣料累计需求量/万 m³
2015 年 5 月	主体三大标进场	左下沟场地（50）、瓦支沟 2730.00m 平台（142）、3 号和 13 号公路路堤（83）形成	275	282
2015 年 11 月	11 号和 13 号公路堤形成	瓦支沟渣场 2800.00m 高程路堤	610	892
2016 年 1 月	提供反滤料和掺和料加工系统场地	瓦支沟 2800.00m 平台形成 9 万 m² 场地	400	1292

续表

日期	控制性项目要求	发生部位	分期弃渣料需求量/万 m³	弃渣料累计需求量/万 m³
2016 年 3 月	提供大坝工程标 1 号掺和场一期场地	庆大河 1 号渣场 A 区一期 2658.00～2672.00m 高程场地 8 万 m²	103	1395
2017 年 1 月	提供瓦支沟混凝土骨料加工系统和瓦支沟混凝土生产系统场地	瓦支沟 2800.00m 平台 9 万 m² 场地	500	1895
2018 年 3 月	提供大坝工程标 1 号掺和场二期场地	庆大河 1 号渣场 A 区二期 2658.00m 高程场地 2 万 m²	55	1950
2020 年 4 月	提供大坝工程标 2 号掺和场	瓦支沟 2800.00m 平台形成 7 万 m² 场地	450	2400

（3）场地形成时间复核：以需渣曲线和弃渣曲线形式表示，并通过几个关键节点予以分析。两河口工程弃渣曲线与需渣曲线对比如图 2.21 所示。

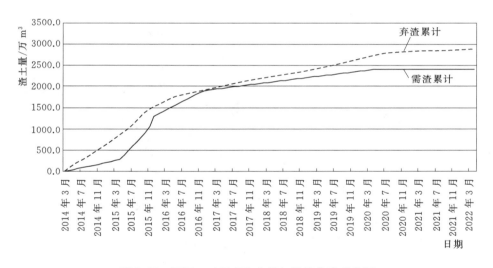

图 2.21　两河口工程弃渣曲线与需渣曲线对比图

1）2015 年 5 月：大坝工程标等三大标进场。需渣累计总量约为 282 万 m³，弃渣累计总量约为 832 万 m³，满足要求。

2）2015 年 11 月：初期导流洞下闸、11 号和 13 号路路堤形成。需渣累计总量约为 892 万 m³，弃渣累计总量约为 1388 万 m³，满足要求。

3）2016 年 1 月：反滤料及掺合料加工系统建设。需渣累计总量约为 1292 万 m³，弃渣累计总量约为 1566 万 m³，满足要求。

4）2016 年 3 月：1 号掺和场建设。需渣累计总量约为 1395 万 m³，弃渣累计总量约为 1625 万 m³，满足要求。

5）2017 年 1 月：瓦支沟混凝土骨料加工系统建设。需渣累计总量约为 1895 万 m³，弃渣累计总量约为 1912 万 m³，满足要求。

6）2020 年 4 月：2 号掺和场建设。需渣累计总量约为 2400 万 m³，弃渣累计总量约为 2701 万 m³，满足要求。

关键节点时间弃渣需要量与弃渣堆存量关系见表 2.4。

表 2.4   关键节点时间弃渣需要量与弃渣堆存量关系表

时间	2015 年 5 月	2015 年 11 月	2016 年 1 月	2016 年 3 月	2017 年 1 月	2020 年 4 月
弃渣需要量/万 m³	282	892	1292	1395	1895	2400
弃渣堆存量/万 m³	832	1388	1566	1625	1912	2701
差值/万 m³	550	496	274	230	17	301

注   表中差值为正数，表明场地可以按期形成；差值越大，场地按期形成保证性越高。

（4）采取的措施：鉴于 2017 年 1 月时间节点场地形成保证率低，可采取调整两河口和瓦支沟石料场的剥离时序，即 2017 年的部分料场剥离提前到 2016 年即可。

3. 应用与实践

施工过程中，瓦支沟、庆大河和左下沟渣场渣顶平台基本按照规划时间递进式形成施工场地，满足主体工程对于施工场地的要求。瓦支沟渣场分期填筑规划如图 2.22 所示。

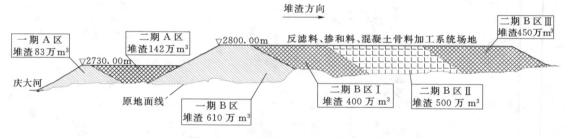

图 2.22   瓦支沟渣场分期填筑规划图

2.5   施工时序调整拓展施工场地拓展技术

2.5.1   技术特点

高山峡谷地区的水电工程，枢纽区往往山坡陡峻，地形地质条件差。两岸坝肩以及其他枢纽建筑物开挖边坡若分高程布置集渣平台，往往工程量巨大，且实施难度大。在尽量不增加新建施工临时设施的前提下，通过优化调整施工技术和施工程序，可为其他施工项目创造良好施工条件。即提前开始导流洞施工，并设置分流挡渣堤，实现"基坑集渣和出渣"的施工程序，可为坝肩开挖出渣创造良好的集渣、出渣施工场地条件。如锦屏一级、两河口、猴子岩水电站等工程施工过程中，通过优化导流工程施工顺序、设置分流挡渣堤为坝肩开挖出渣、集渣创造了有利的施工场地条件，并节约了边坡施工道路布置，有效解决了坝肩边坡开挖出渣难题，并防止水土流失。

2.5.2　工程实践

2.5.2.1　锦屏一级水电站施工时序拓展施工场地应用实例

1. 锦屏一级坝肩边坡概况

锦屏一级水电站坝址河道为深切 V 形河谷，两岸地形陡峻，相对高差 1500～1700m，右岸为顺向坡，左岸为反向岸坡。左岸 1820.00m 高程以上坡度为 40°～50°；1820.00m 以下坡度 55°～70°；右岸 1810.00m 高程以上坡度约 40°，1810.00m 高程以下地形坡度 70°～90°。

左岸 1960.00m 高程布置缆机副车，坝顶 1885.00m 高程布置辅助供料线，缆机平台最大开挖高程约 2120.00m，坝顶边坡高度约 235m，左岸最大开挖坡高约 540m。

右岸 1975.00m 高程布置缆机主车，右岸坝顶高程布置有 25m 宽的混凝土供料线，右岸边坡最大开挖高程约 2025.00m，坝顶以上边坡高度约 140m，右岸最大开挖坡高约 445m。

2. 常规施工程序、方案及工期安排

坝肩岸坡开挖一般与导流洞平行施工，通常安排在河道截流前基本完成。按照先进行场内交通等筹建项目施工，再同期进行大坝边坡开挖与导流洞等准备工程施工，大坝边坡开挖采用常规公路出渣为主。分别运至上游三滩沟渣场和下游印把子沟渣场。

（1）左岸施工道路布置：分别在左岸下游 1660.00m 高程、上游围堰堰顶 1684.50m 高程、1790.00m 高程、坝顶 1885.00m 高程、左岸缆机平台 1960.00m 高程布置 5 条出渣干线道路，采用常规公路出渣方案。

（2）右岸施工道路布置：考虑在右岸 1653.00m 高程、上游电站进水口 1777.00m 高程、坝顶 1885.00m 高程、右岸缆机平台 1975.00m 高程布置 4 条出渣干线公路，并在右岸 1653.00～1810.00m 高程间布置 2 条直径 6m 的出渣竖井。

道路施工安排在筹建期（30 个月）进行，坝肩边坡和导流洞安排在准备期施工，从第 1 年 1 月导流洞和坝肩开挖开始至第 4 年 2 月具备下基坑（高程 1650.00m 以下）条件结束，共 38 个月。主体工程工期为 53 个月，完建工程工期为 20 个月。从准备工程开工至第 1 台机组发电，工期为 91 个月。

因坝肩边坡陡峻，方案存在施工道路布置困难、上下施工干扰大，安全风险高，集渣平台无法布置，开挖渣料容易下江，水土流失严重，环保风险高等问题。

3. 施工时序调整基坑出渣方案

为解决常规方案面临的困难，大胆创新，打破常规。调整工程施工时序，即将导流洞提前安排在筹建期施工，筹建期工程和准备期工程统筹安排，先截流后边坡开挖，直接推渣至基坑，自基坑出渣。

左岸 1945.00m 高程、右岸坝顶 1885.00m 高程以下采用推土机以及挖掘机配合自卸汽车下渣至基坑，基坑出渣。掌子面沿顺河向分区开挖，大致分为上、中、下三区，各区分台阶开挖，各区下降高差控制在一个梯段内，掌子面设置多个固定溜渣点，基坑出渣与开挖掌子面推渣干扰大，为尽量减少转渣对出渣的影响，溜渣点需根据基坑出渣动态调整。

2004 年 1 月筹建工程开工，2004 年 7 月导流洞工程开工，2006 年 11 月导流工程完工，并具备截流条件。2006 年 12 月工程截流。工程筹建期从 2004 年 1 月开始，2006 年 11 月结束，工期为 35 个月，较可行性研究阶段增加 5 个月。

2006 年 11 月左岸坝肩开挖开始，工程从筹建期进入工程准备期，至 2013 年 8 月，第一台机组具备发电条件，工期为 81 个月，较可行性研究阶段的 91 个月节约 10 个月时间。

锦屏一级水电站通过优化导流工程施工时序，即将导流工程提前至工程筹建期实施，同时采用"基坑集渣和出渣"方式，不仅节约工程发电工期，优化了场内出渣道路布置，而且拓展基坑作为集渣和出渣的场地，提高了工程施工的安全性，有效防止了水土流失。

2.5.2.2 两河口水电站施工时序拓展施工场地应用实例

1. 两河口坝肩边坡概况

两河口水电站坝址为横向谷，两岸山体雄厚，谷坡陡峻，临河坡高 500～1000m。左岸呈弧形凸向右岸，地形平均坡度 55°，局部沟梁相间，发育数条小冲沟；右岸为凹岸，平均坡度 45°，除右岸阿农沟切割相对较深外，其余为浅表冲沟。

大坝开挖总量约 267.90 万 m³，按坝址处 10 年一遇洪水标准（$Q_{p=10\%}=4140\text{m/s}$，水位 $H=2615.00\text{m}$），把 2615.00m 高程以上开挖作为坝肩开挖，以下为基坑开挖。坝肩开挖量 203.2 万 m³，其中，石方开挖约为 192.7 万 m³，覆盖层开挖约 10.50 万 m³。

左坝肩开挖开口线高程约 3000.00m，至高程 2615.00m，开挖高度约 385m；右岸坝肩的开挖开口线高程约 2900.00m，至高程 2615.00m，开挖高度约 285m。

2. 常规的施工程序和出渣方式

（1）施工程序。根据地形条件和工程开挖特性，坝肩分为坝顶以上开挖和坝顶以下开挖。

左岸坝顶以上开挖高程为 3010.00～2875.00m，高差约 135m；坝顶以下开挖高程为 2875.00～2615.00m，高差约 260m。右坝肩开挖程序安排如下：第 1 年 9 月至第 2 年 7 月，进行坝顶以上开挖；第 2 年 8 月至第 3 年 10 月，进行坝顶以下开挖。

右坝肩坝顶以上开挖高程为 2900.00～2875.00m，高差约 25m；坝顶以下开挖高程为 2875.00～2615.00m，高差约 260m。左坝肩开挖程序安排如下：第 2 年 6～7 月，坝顶以上开挖同右岸进水口同高程下降；第 2 年 8 月至第 3 年 10 月，进行坝顶以下开挖。

（2）施工道路布置。左岸坝顶以上开挖，可利用 501 号公路向下游边坡引施工便道，便道宽 4.5m，坡度控制在 18% 左右，满足施工机械设备运输。坝顶以下开挖利用坝体填筑道路作为施工通道，并将各高程之间用临时施工便道相连。左岸坝肩开挖主干道从高到低依次有 501 号公路（高程 2875.00m）、1101 号公路（高程 2800.00m）、305 号公路（高程 2730.00m）以及 303 号公路。

右岸坝顶以上开挖利用右岸进水口开挖施工道路和 602 号公路作为施工通道，坝顶以下开挖利用坝体填筑道路作为施工通道，并将各高程之间用临时施工便道相连。右岸坝肩开挖主干道从高到低依次为 602 号公路（高程 2875.00m）、10 号公路（高程 2763.00m）、601 号公路（高程 2755.00m）以及右岸低线公路（右岸沿江低线公路）。

（3）坝肩边坡施工方法。坝肩开挖基本遵循"自上而下、分层开挖"的施工原则。由于坝址区两岸岸坡较陡，河道宽度相对较窄，为防止在开挖过程中开挖渣料进入河道，首先在坡度较缓的位置开挖平台外侧设置拦渣坎，形成集渣平台。

1）左岸坝肩开挖。坝顶以上开挖时在2875.00m高程开挖集渣平台，开挖坡比为1：0.5，在平台外缘设置高度为1.5～2.0m的拦渣坎。开挖机械利用施工便道运输至开挖高程，Q100型潜孔钻钻孔，梯段爆破，梯段高度5m。开挖渣料溜至2875.00m高程平台，2m³挖掘机装15t自卸汽车运输至渣场。

坝顶以下开挖主要以掌子面出渣为主、集渣平台出渣为辅。开挖前在2800.00m、2730.00m、2655.00m、2615.00m高程开挖集渣平台，在平台外缘设置高度为1.5～2.0m的拦渣坎。开挖机械利用坝体填筑道路及施工便道运输至开挖高程，D7型液压履带钻机钻孔，采用自上而下深孔梯段爆破，边坡光面爆破和预裂爆破结合，梯段高度5～10m。开挖渣料采用3m³挖掘机在掌子面装渣，20t自卸汽车运输至渣场。

2）右岸坝肩开挖。坝顶以上开挖时在2875.00m高程开挖集渣平台，开挖坡比为1：0.5，在平台外缘设置高度为1.5～2.0m的拦渣坎。开挖机械利用进水口开挖施工便道运输至开挖高程，Q100型潜孔钻钻孔，梯段爆破，梯段高度5m。开挖渣料溜至2875.00m高程平台，2m³挖掘机装15t自卸汽车运输至渣场。

坝顶以下开挖主要以掌子面出渣为主、集渣平台出渣为辅。开挖前在2615.00m高程设集渣平台，在平台外缘设置高度为3～5m的挡渣墙。开挖机械利用坝体填筑道路及施工便道运输至开挖高程，D7型液压履带钻机钻孔，采用自上而下深孔梯段爆破，边坡光面爆破和预裂爆破结合，梯段高度5～10m。开挖渣料采用3m³挖掘机在掌子面装渣，20t自卸汽车运输至渣场。

3. 常规方案的工期安排

两河口水电站可行性研究阶段施工总工期为125个月，同样的坝肩边坡与导流洞安排在准备期同期施工，准备工程直线工期为34个月，准备工程工期从第1年1月至第3年10月，主要进行导流工程、施工工厂设施、坝肩开挖、电站进水口及开关站开挖和左岸泄水建筑物进出口开挖。

主体工程工期为71个月，完建工程工期为20个月。从准备工程开工至第1台机组发电，工期为105个月。

此外，安排工程筹建期为36个月，该工期不计入总工期。工程筹建期施工时段为筹建第1年1月至筹建第3年12月。主要施工项目包括：对外交通、场内交通、仓库系统、营地、通讯系统、施工供电系统以及渣场沟水处理工程等。

4. 调整施工时序及出渣方式调整的方案

为避免施工干扰、渣料下江等问题，在工程实施阶段，对工程施工时序进行了调整。即将导流工程提前至工程筹建期实施，以改善左右岸坝肩、开关站、进水口以及洞式溢洪道出口边坡开挖出渣施工条件。在导流洞过流和分流挡渣堰完成后再进行坝肩等部位边坡开挖，所有开挖料均在基坑集渣和出渣。将超大面积的基坑作为工程的集渣和出渣施工场地可提高出渣施工强度，也能大幅降低施工安全风险。

导流工程于2008年4月开工，2012年3月具备分流条件。以2013年8月左右岸坝肩、开关站、进水口以及洞式溢洪道出口边坡等工程开工，作为从工程筹建期进入工程准备期计算，工程于 2015 年 11 月截流，计划于 2021 年 8 月第 1 台机组具备发电条件，首台机组发电工期 97 个月。较可行性研究阶段 105 个月预计节约 8 个月时间。

两河口水电站导流工程施工时序以及围堰设计与施工程序的优化调整，不仅节约工程发电工期，同时采用"基坑集渣和出渣"方式，拓展了大量绿色施工场地，并有效防止了水土流失。

第 3 章

施工场地安全防治技术

　　高山峡谷地区施工场地极其匮乏，原有地表场地周边大多面临洪水、泥石流、危岩体等地质灾害威胁。为保障施工场地的安全使用，必须采取对应场地安全防护措施。本书第2章通过各种技术手段拓展的施工场地往往也是采取了一些安全防护措施获得的。因此，场地安全防治技术是确保场地安全运行、工程建设顺利进行的关键，主要包括危岩体防护技术、沟水处理技术、泥石流防治技术等。

3.1　危岩体防护技术

3.1.1　技术特点

3.1.1.1　危岩体危害等级及破坏类型

　　西南高山峡谷地区，地形陡峻，地质条件复杂、生态脆弱、场地狭窄。施工场地周边大多地形陡峭，存在岩体风化卸荷、岩溶裂隙水和基岩裂隙水充填，加上工区爆破等施工活动扰动形成危岩体，危害施工场地的安全。

　　危岩体危害性等级是通过危岩体变形失稳后对工程建筑物可能产生的危害性大小及可能产生的人身伤害程度来反映的。根据危岩体和对建筑物及人身安全的影响，把危岩体危害性分为3级，分别是严重、较严重、一般。危岩体危害性等级见表3.1。

表 3.1　　　　　　　　　　　　危岩体危害性分级表

危岩体危害性等级	危岩体与建筑物和施工场地的关系
严重	影响大坝、电站进水口、厂房出线场、尾水洞出口等重要永久性建筑物或施工营地，可能造成重大的人身伤亡，如危岩体失稳，对工程造成重大的直接影响
较严重	影响水垫塘二道坝等永久性建筑物和混凝土系统、砂石加工系统、金结及机电安装场等重要施工场地，如危岩体失稳，对工程造成较大的直接影响，但可修复
一般	对导流洞进出口、缆机平台、上下游围堰等施工期建筑物和次要施工场地构成威胁

　　如果危岩体有确定的结构面组合和变形失稳模式，并能通过各种方法取得各结构面可靠的物理力学参数，则危岩体稳定状态可依据相应的分析手段定量确定。但多数危岩体不能进行近距离的详细地质调查，仅靠远距离的激光扫描技术不能取得各结构面可靠的物理力学参数，因此危岩体稳定安全度难以定量化。因此根据危岩体的地质背景、

发育的工程地质条件和地质特征、可能变形失稳模式，采用宏观的地质判断来确定危岩体的稳定性。

岩质边坡崩塌型破坏的危岩体最常见的破坏类型有三种：一是沿陡倾、临空的结构面塌滑；二是由内、外倾结构面不利组合切割的块体失稳倾倒；三是岩腔上岩体沿竖向结构面的剪切破坏坠落。

3.1.1.2　危岩体防护措施

危岩体防护根据其地质条件和可能失稳模式，并结合危岩体的大小、危岩体失稳可能对枢纽区建筑物及人身安全的影响程度，拟定防护方案。

在危岩体防护中常见的工程措施有清理、开挖、喷混凝土、锚杆、预应力锚索、拦石墙、防护网、浆砌石及混凝土顶固、混凝土嵌补等。

1. 柔性被动防护网

柔性被动防护网是以钢丝绳网、环形网等高强度金属柔性网为主要构成，并以钢柱作为直立支撑的栅栏式柔性拦挡结构，通常主要设置于边坡上的某一适当位置处，以拦截来自于其上方的滚落石，避免落石威胁下方建筑物和行车、行人的安全，因此有时也被称为拦石网，如图3.1所示。

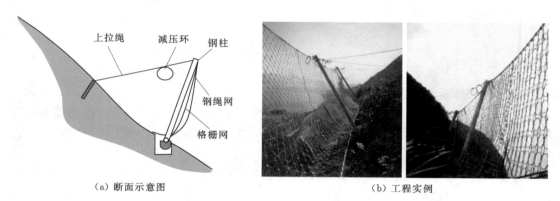

（a）断面示意图　　　　　　　　　（b）工程实例

图 3.1　柔性被动防护网系统（拦石网）

从满足被动防护系统的落石拦截功能来讲，传统的刚性栅栏和圬工拦挡结构也是能够实现的，但相对于柔性结构而言，刚性结构的抗动力冲击效果是比较差的。因为根据动量定理 $F_t = m \Delta v$，当落石与拦挡结构发生接触碰撞时，刚性拦挡结构允许的变形小，相互碰撞作用时间短，必然产生较大的冲击力；相反，柔性系统在同等条件下因允许变形大、作用时间长，所产生的冲击力必然较小，因此能够拦截具有较高冲击能力的大块落石并实现结构的轻型化。

同时，柔性被动防护网具有施工迅速，施工方便，对复杂地形的适应性好的特点，已在边坡防护工程中广泛应用。柔性被动防护网应用的2个主要参数是防护能级和高度，这2个参数的确定主要需考虑滚石的动能和弹跳高度、工程等级、工程造价及工程维护等因素，在峡谷地区大型水电工程边坡危石防护常用的柔性被动防护网防护能级为750kJ、1000kJ，高度一般为4m、5m。

2. 主动防护网加锚杆支护

主动防护网防护理念上与传统的喷射混凝土等护面结构相类似。如图 3.2 和图 3.3 所示。

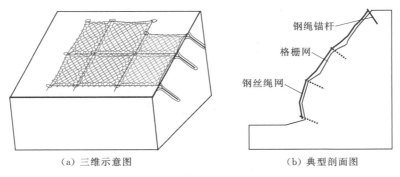

（a）三维示意图　　　　　　（b）典型剖面图

图 3.2　主动防护系统示意图

图 3.3　主动防护网工程实例

主动防护网以钢丝绳网为主要构件来实现对坡面潜在危石的主动加固，做法是用锚杆将钢丝绳网固定在坡面上，并使这种固定能够尽可能紧贴坡面。在主动防护网系统中，锚杆是防护网与地层间的传力构件，同时锚杆也具有对边坡岩体进行加固的作用。

主动防护网具有"局部受力，整体承载"的特点，同时具有复杂地形适应性强、施工方便快速的特点，适宜于地形条件差、施工条件恶劣的大面积危岩体的防护。

3. 长锚杆、预应力锚索

如果边坡存在出现规模较大的危岩体失稳的可能，主动防护网和被动防护网难以保证边坡的稳定，需根据边坡的稳定条件，采用长锚杆、预应力锚索进行加固。

4. 拦石墙

拦石墙是被动防护小型危岩体的有效措施，常见的拦石墙有混凝土拦石墙、浆砌石拦石墙。该措施技术成熟，简单易行，但是，拦石墙的修建需要具备良好的承力基础，较大的横向空间，且开挖量较大，所以拦石墙的采用只限于一定的地形地质条件下，对于地形较陡、基础条件较差的区域不宜采用。

5. 浆砌石及混凝土支顶、混凝土嵌补

浆砌石及混凝土支顶是加固大块危岩突起体或倒悬体的特种结构，其主要作用在于利用支顶结构的支承作用来平衡危岩的坠落、错落或倾倒趋势，提高危岩的稳定性。对于加固倒悬或外悬危岩体，支顶结构技术简单适用。采用支顶结构需考虑支顶结构自身体积和重量，以及其所需要的良好基础，否则其自身稳定性将存在问题，所以支顶结构的设计和施工都需要一定的地形地质条件。此外，支顶结构材料用量一般较大，由此而来的材料搬运量、劳动强度、施工难度和风险等一般都较大。

混凝土嵌补是对外悬或坡面凹腔形成的危石采用浆砌片石、混凝土或水泥砂浆填筑，以提高危石稳定性的一种方法，其本质与扶壁式支顶并无差别，技术简单易行。但同支顶方式一样，嵌补结构也必须要有稳定的基础，且必须与坡面紧密结合。此外，对坡面危石较多时，圬工工作量大，且要进行大量的局部开挖，以给嵌补结构提供基础平台，施工难度较大，特别是当边坡陡峻时，嵌补可能是难以实施的，也是很难有效的。

总的说来，考虑自然边坡特殊地形条件及实际的施工条件，拦石墙、浆砌石及混凝土支顶、混凝土嵌补需视危岩体具体的条件，在局部采用，不宜大范围的应用于危岩体防护。

3.1.2　工程实践

在锦屏一级水电站中枢纽区左右岸边坡、两岸高线混凝土系统边坡、3 号营地边坡、骨料胶带机运输线危岩体防护中，广泛采用主动防护网、被动防护网、锚杆及锚索、混凝土支顶及嵌补措施，保障了工程建筑物和场地的安全。

猴子岩水电站两岸环境边坡和 1 号承包商营地等施工场地边坡的危岩体防护中，也大量采用主动和被动防护网、预应力锚索、混凝土嵌补的危岩体防护技术，成功完成了对建筑物和施工场地的防护，工程施工进展顺利、运行良好。

3.2　沟水处理技术

3.2.1　技术特点

高山峡谷地区山高坡陡，土地资源有限，施工场地匮乏。为满足水电工程施工场地要求，大多需利用沟道作为渣场，通过渣料填筑形成施工场地。为保证沟内渣场、渣场上部施工场地的安全运行，防止场地安全事故的发生，必须对沟水采取工程处理措施。

近些年来大型水电站沟水处理工程根据沟道地形地质条件、施工条件、弃渣要求等采取了不同的处理技术，成功地解决了高山峡谷地区沟水处理难题，并在锦屏一级、两河口、官地、猴子岩等水电站得到广泛应用。沟水处理成套技术主要包括以下几个方面：

（1）挡水坝＋排水洞＋出口消能台阶技术。

（2）挡水坝＋排水洞＋泄槽技术。

（3）挡水坝＋排水洞＋旋流竖井＋出口消能台阶（或泄槽）技术。

（4）透水坝技术。

（5）排水箱涵技术。

3.2.2 工程实践

3.2.2.1 挡水坝＋排水洞＋出口消能台阶技术应用实例

官地水电站3号渣场位于大坝右岸上游的黑水沟内，需对黑水沟采取沟水处理措施。采用挡水坝挡水，排水洞引水出口采用消能台阶，将沟水引排至水库内。黑水沟沟水处理工程为V等小（2）型工程，永久性建筑物和临时性建筑物级别均为5级。工程按30年一遇洪水流量 $Q=423\text{m}^3/\text{s}$ 设计，按100年一遇洪水流量 $Q=534\text{m}^3/\text{s}$ 校核。

根据渣场布置及施工企业布置情况，排水隧洞进口位于黑水河渣场上游左岸，隧洞出口陡槽布置在渣场坡脚上游100m、上游临时桥下游160m，以避免沟水冲刷渣场和交通桥。挡水坝顶高程1398.00m，轴线长度79.6m，坝顶宽6m，最大坝高28m。泄水洞进口底板高程1382.46m，出口底板高程1364.05m，全长810.998m，底坡 $i=2.27\%$。底宽7.0m、净高从上游到下游依次为10.5m和7.5m。出口明渠由平坡段及台阶段组成，平坡明渠段长12.2m，底板高程1364.05m，宽度由7m渐变到11m，边墙高5.8m。泄槽段水平投影长279.802m，高差151.5m；主要消能台阶高3.6m，宽4.4m，如图3.4所示。上段为永久性建筑物，下段（在官地水库极限死水位1321.00m以下）为临时性建筑物。

（a）水库蓄水前消能台阶图　　　　　　（b）水库蓄水后消能台阶过流图

图3.4　官地黑水沟排水洞出口消能台阶图

3.2.2.2 挡水坝＋排水洞＋泄槽技术应用实例

溪洛渡沟渣场位于大坝右岸下游约 3km 的溪洛渡沟内，堆渣容量约 800.00 万 m^3，堆渣场顶高程 570.00m。沟水处理工程按永久性建筑物设计，建筑物级别为 5 级，采用 20 年一遇洪水标准设计，相应流量为 330.0m^3/s，50 年一遇洪水标准校核，相应流量为 405.0m^3/s。建筑物由碎石土心墙堆石坝、排水洞组成，坝顶高程 525.00m，最大坝高 22.0m，坝顶宽 5.0m，上游边坡比为 1:2.25，下游边坡比为 1:2.0。排水隧洞布置在溪洛渡沟左岸，全长 1462.367m，底坡 $i=0.0499$，进口高程 503.00m，出口高程 430.00m，采用圆拱直墙断面，宽 5.0m，高 6.0m。隧洞出口末端接泄流陡槽，底高程 380.00m，坡度比为 1:0.6，泄槽宽 5.0m，末端将沟水排入金沙江内。溪洛渡沟排水隧洞纵剖面如图 3.5 所示。

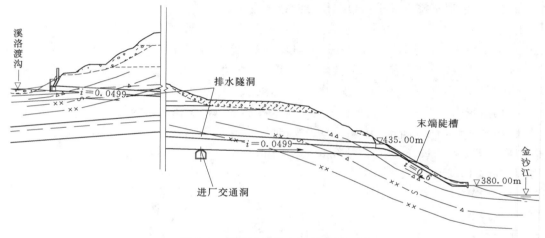

图 3.5 溪洛渡沟排水隧洞纵剖面图

3.2.2.3 挡水坝＋排水洞＋旋流竖井＋泄槽技术应用实例

锦屏一级水电站印把子沟采用挡水坝＋排水洞＋旋流竖井＋泄槽技术进行沟水处理。

印把子沟渣场位于锦屏一级水电站坝址下游左岸约 6km，并处于锦屏二级水电站库内，沟内常年流水。渣场容量约 2178 万 m^3，渣场顶高程 2000.00m，是锦屏一级水电站坝址下游和锦屏二级水电站闸址上游的主要堆渣场。沟水处理工程根据渣场堆渣容量，按照《水电建设项目水土保持技术规范》（DL/T 5419—2009），设计洪水标准重现期采用 20 年一遇，对应流量为 81.8m^3/s；校核洪水标准重现期采用 200 年一遇，对应流量为 123m^3/s。

根据印把子沟渣场可行性研究中的堆渣规划，堆渣需将沟口约 1.5km 范围内的沟道填埋，渣场上游侧坡脚高程约 1900.00m 高程，渣脚临江侧高程 1650.00m。因此沟水需从 1900.00m 高程附近引排至锦屏二级水库水位 1646.00m 高程，平均坡度 16.7%。

由于沟道地形陡峻弯曲、大孤石架空、后期无法检修等原因，永久排水方案不宜采用沟底箱涵方案；同时渣场下游侧边坡高陡，沟两岸临江侧地质陡峻，地表多为松散堆积体，也不具备布置排水明渠的条件。故研究采用排水洞方案。

根据沟道两岸地形地质条件，排水洞拟布置在地质条件相对较好的左岸。其洞线的布置受地形、地质、水流条件、下游建筑物布置及消能方式等诸多条件制约。采用一坡到底布置，则坡度将达到15%左右，洞内将产生流速超过20m/s的高速水流，对施工质量要求较高，措施复杂且施工时出渣困难，难以满足施工工期的要求。若采用5%左右的坡度，则隧洞出口距二级水库还有160m左右的高差，因坡面地质条件较差，且出口下游边坡上布置有至渣场的10号公路和锦屏一级辅助对外交通公路，无采用底流和面流消能的布置条件。其出口对岸上游约500m是锦屏二级水电站的进水口，若采用挑流消能，其雾化将影响锦屏二级进水口的机电设备及操作。故沟水处理工程消能问题成为工程亟须解决的难题。经多方案比较，印把子沟沟水处理方案采用左岸排水隧洞，后接两级竖井消能，再接平洞将沟水引排至锦屏二级水库内。

印把子沟沟水处理工程按永久性建筑物设计，建筑物级别为5级，建筑物由挡水坝、排水隧洞及消能竖井等组成。排水隧洞布置在印把子沟左侧，长度为1820.39m，底坡 $i=0.0378\sim0.05$，进口底板高程1887.00m，采用圆拱直墙断面，洞宽4.2m，高 $4\sim5.21$m；竖井消能段由1号竖井和2号竖井及平洞段组成，竖井直径4.4m，1号竖井高度为67.725m，出口接约124m的平洞段，2号竖井高度为71.286m，出口接约270.293m的平洞，平洞出口底板高程为1655.70m，出口末端设挑坎，将沟水排入锦屏二级水库内。印把子沟排水洞断面如图3.6所示。

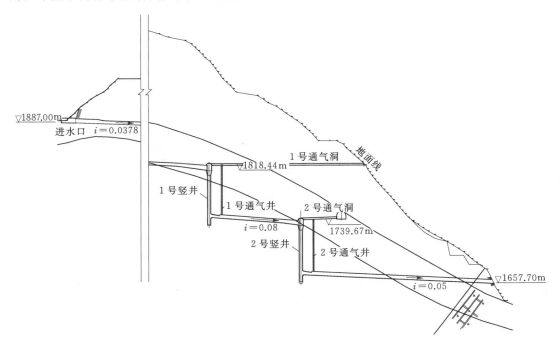

图3.6　印把子沟排水洞断面图

3.2.2.4　透水坝技术应用实例

三滩沟渣场位于锦屏一级水电站坝址上游左岸5km处，沟内长年流水，渣场容量2254.12万 m^3，渣场高程1850.00m，是锦屏一级水电站上游的主要渣场。渣场堆渣最终在此形成上游高约 75m、下游高约 200m 的堆石坝，而沟内长年流水。为防止流水在堆渣上游囤积及洪水期来水将堆渣冲入雅砻江，确保渣场的正常使用，以及满足施工期间安全、环保和水保要求，应采取必要的工程处理措施将沟内水引排至雅砻江内。渣场顶高程 1850.00m，水库蓄水后将被淹没，故三滩沟沟水处理工程按临时性建筑物设计。

三滩沟两侧山体陡峻，多处为绝壁，沟道平均底坡 23%，有几处 10~30m 高的陡坎，无排水洞的施工条件。因此根据地形地质条件，且为尽快满足堆渣要求并为节省工程投资，三滩沟沟水处理采用在沟口设置透水坝，沟底利用堆渣自然形成的大块石铺底，利用石渣渗透引排沟水至雅砻江内。

利用沟口狭窄的有利地形，在沟口构筑一高为 42m 的透水坝，透水坝分为两个部分：高程 1658.00~1681.00m 为坝高 23m、上游坡比 1:1、下游坡比 1:3 的排水棱体；高程 1681.00~1700.00m 为高 19m 的贴坡排水体，透水坝排水棱体部分上游坡比为 1:1，下游坡比为 1:2.1。排水棱体及贴坡排水体均采用钢筋石笼堆筑，其余坝体部分采用大块石填筑。为增加坝体的排水能力，在排水棱体内设置内径为 0.5m、间排距为 2m 的排水管，排水管坡比为 10%，为防止堆渣堵塞排水管，在排水管进口处设置了拦污栅格。同时为形成较强的透水通道坝，在透水坝上游延沟底铺设 50m 长，5m 厚大块石垫层。三滩沟渣场透水坝断面如图 3.7 所示。

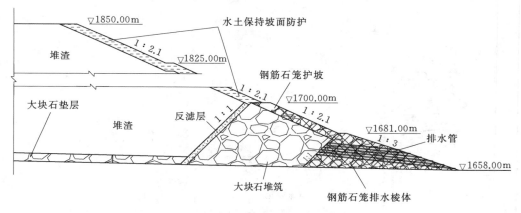

图 3.7 三滩沟渣场透水坝断面图

3.2.2.5 排水箱涵技术应用实例

两河口水电站左下沟 3 号渣场位于坝址下游左岸的左下沟内，按渣顶高程 2690.00~2780.00m 核算，渣场设计容量约 550 万 m^3，最终弃渣约为 400 万 m^3（松方），规划堆存下游围堰、下游河道整治工程、左下沟石料场和西地土料场开采剥离弃料以及部分施工辅助工程开挖弃渣。

为满足前期施工辅助工程施工弃渣和施工进度要求，在进行永久沟水处理工程实施完成前需对左下沟进行临时沟水处理。

（1）设计标准。临时沟水处理工程级别为 5 级，采用设计洪水标准为 20 年一遇，相应的设计流量为 25.7m^3/s。

（2）建筑物设计。临时沟水处理建筑物由钢筋石笼挡渣坝和排水箱涵组成。

1）钢筋石笼拦渣坝：为避免排水箱涵被沟内杂草、枯枝堵塞，在箱涵进口上游约40m处布置拦渣坝。拦渣坝采用1m×1m×1m（长×宽×高）的钢筋石笼分三层堆筑而成，最大高度3m。

2）排水箱涵：布置在左下沟沟底，过水断面按20年一遇洪水标准设计，相应设计流量为25.7m³/s，进口水深3.2m，进口高程2742.82m，出口高程2607.79m，排水箱涵总长1251.02m，平均纵坡10.8%，过水断面为2.2m×2m（净宽×净高），进出口均采用混凝土护底。箱涵结构采用整体

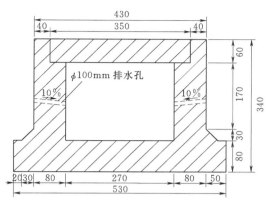

图3.8 排水箱涵典型断面图（单位：cm）

式，采用钢筋混凝土浇筑，侧墙、顶板及底板厚0.6m。出口采用台阶消能。排水箱涵典型断面如图3.8所示。

3.3 泥石流防治技术

3.3.1 技术特点

高山峡谷地区由于植被单薄，支沟坡降大，大多具备泥石流发育的特征。因此利用支沟填渣作为施工场地，除采用沟水处理外，大多还需进行泥石流防治。

水电工程泥石流防治一般遵循以防为主，以避为宜，以治为辅，防、避、治相结合的原则。泥石流防治主要采用排导、拦挡、停淤等措施。为充分利用沟水处理建筑物，考虑将沟水处理工程的挡水坝适当加高形成一定库容作为泥石流的停淤场，在排水洞口增设格栅或进水塔、增加高位排水洞方案引排沟水，实现水石分流；在排水洞进口上游设置梳齿坝、多孔坝、桩林等措施，对泥石流固体物质进行拦挡。

近些年来大型水电站泥石流防治工程根据沟道地形地质条件、施工条件、泥石流特征等采取了不同的处理技术，成功地解决了高山峡谷地区泥石流危害难题，并在锦屏一级水电站、两河口、官地、猴子岩等水电站得到广泛应用。泥石流防治成套技术包括以下几个方面：

（1）排导槽（隧洞）技术。

（2）进水塔分层拦挡技术。

（3）多孔坝（梳齿坝）技术。

（4）桩林坝技术。

3.3.2 工程实践

3.3.2.1 排导槽（隧洞）技术应用实例

以长河坝响水沟为例，对排导槽（隧洞）技术作详细介绍。

1. 概述

响水沟为大渡河长河坝水电站坝址上游右岸冲沟，距长河坝水电站坝址约 3km，呈南西北东向展布，由南西向北东流入大渡河，与大渡河近于垂直。响水沟位于长河坝水电站库区，系垂直于大渡河发育的一级支流。

响水沟主沟沟道长度 14.26km，高程分布在 1500.00～5011.00m 间，主沟分水岭处高程 4421.00m，平均纵坡 246.2‰，上游 2742.00m 处发育一条支沟，支沟纵坡度 299.5‰，成锐角交入主沟，沟系整体呈 Y 形。支沟交汇处沟道拐弯，呈 S 形，以下沟道总体顺直，在沟口上游约 1500m 范围内沟道拐弯较大。沟谷基岩裸露，地形陡峻，沟内植被发育，沟口为宽缓的一级阶地。

根据长河坝水电站施工规划设计，响水沟内布置有响水沟块石料场、响水沟渣场，渣场规划容量 730 万 m³。响水沟内为工程的上游弃渣场，沟内左侧为响水沟块石料场，沟口为原 S211 省道（该段路现为施工区内部道路，S211 省道临时改至左岸 1 号公路），沟口上游约 880m 位置高程 1703.00m 左右布置 S211 永久改线公路跨沟大桥，沟内没有布置长河坝水电站的施工临时设施。

响水沟排水系统由明流排水洞、消能阶梯以及明渠组成。排水洞布置在响水沟左岸，进口高程 1662.00m，出口高程 1648.00m，洞长 400.0m，纵坡 3.5%。排水洞采用拱门型断面，钢筋混凝土全断面衬砌，桩号 0+000～0+050 段成洞尺寸为 3.5m×5.5m，桩号 0+050～0+400 段成洞尺寸为 3.5m×4.5m，拱高 1.0m，拱中心角 119°。消能阶梯顶部高程 1648.00m，底部 1507.30m，总落差 140.70m，水平投影长度 156.80m，阶梯平均坡度 1∶1.1144。消能阶梯采用混凝土浇筑，台阶宽度（水流方向）为 1.6m，台阶高度 1640.80m 高程以下为 1.5m，1640.80m 高程以上按渥奇曲线变化。明渠长约 20m，采用浆砌块石衬护。

2. 泥石流基本特征

响水沟"7·23"泥石流是在强降雨条件下激发的大型低频泥石流，按照《四川省中小流域暴雨洪水计算手册》暴雨等值线图估算，其暴雨重现期为 300 年左右。响水沟"7·23"泥石流属沟床冲刷揭底的水力类泥石流，在强降雨条件下首先于小鱼通沟内启动，该泥石流从短暂的高含沙洪水到泥石流，最后为持续的洪水，泥石流流量变化过程明显，中间有四次较大的阵性流过程，以第一次龙头最高，可达 5～7m，整个泥石流过程持续约 80min。

响水沟流域面积约 50.92km²，流域内最大相对高度达 3511m，地貌上属切割强烈的高山区；响水沟主沟沟道整体顺直，局部拐弯，多成 V 形谷，平均纵坡 319.2‰。响水沟位于高程 2742.00m 处发育一条支沟（大鱼通沟），主沟与支沟发育完整，具有较好的汇水条件，为泥石流的发生提供了有利的地形条件。响水沟上游崩塌滑坡体比较发育，沟道松散堆积物及坡面松散堆积物较多，为响水沟泥石流的发生提供了丰富物源。小鱼通沟内植被稀少，基岩裸露，中小规模的崩塌滑坡体以及坡面松散物质丰富；大鱼通支沟流域森林植被茂密，松散物源很少，主要为表层冻融风化物。通过遥感解译，小鱼通内可移动物源总量可达 318.41 万 m³，潜在不稳定物源达 738.79 万 m³。大鱼通主要为山脊强烈风化层，方量达 220.09 万 m³。从后期实地调查看，"7·23"泥石流是由小鱼通支沟上游流域沟道启动，大鱼通则为泥石流提供了部分水源条件。

响水沟物源主要包括崩塌滑坡物源、坡面侵蚀物源、沟道堆积物源及人类工程活动造成的物源。响水沟流通区除沟道堆积物及渣场堆积物外，无明显的泥石流固体物质补给，参与泥石流的固体物质主要是沟道松散堆积体、山坡坡面崩塌滑塌体及坡面水土流失的物质，在暴雨激发下形成泥石流，集中向沟道下游输移。根据现场调查及采样试验结果可判断该次泥石流均为黏性泥石流。鉴于流域补给泥石流的固体物质来源有一个积累过程和与暴雨相遇的条件组合机遇，所以判定响水沟为低频率黏性泥石流沟。

根据降雨记录及泥痕调查结果，可判定响水沟"7·23"泥石流发生频率为300年一遇。根据对堆积区的采样分析及泥石流沟道的洪痕分析，响水沟300年一遇泥石流密度为2100kg/m³，泥石流洪峰流量为3138.7m³/s，一次泥石流冲出量为56.97万m³，固体物质冲出量为37.97万m³。30年一遇泥石流流量采用形态调查法计算，计算泥石流洪峰流量为656.1m³/s。

根据实地调查及遥感解译，响水沟流域内松散物质约1337.77万m³，在2009年7月23日发生泥石流后，有大量松散物源流失，但仍有370.64万m³不稳定物源残存于响水沟流域内。暴雨条件下受雨水冲刷浸泡，沿沟道可能发生坍塌，同时沟道两侧植被易随坡体滑入沟谷，使沟道造成局部阻塞，在上游两支沟交汇处，沟道呈S形，曲率较大，水源流动局部受阻亦可使泥石流流体能量集中，但沟内黏粒及小颗粒物质较少的情况下近期主要以水石流和含砂水流为主，响水沟在2009年7月发生泥石流后进入一个相对活跃期。从地形来看，响水沟沟道陡峻，坡降必然会进一步下切，物源条件将进一步发展，累积到一定程度暴雨激发大规模泥石流的可能性将会逐步增加，因而再次发生泥石流的可能性较大。通过对响水沟进行危险性评价，确定在"7·23"泥石流发生后，响水沟为中度易发泥石流沟，对水电站施工期影响较大。

响水沟渣场处于威胁范围内，必须采取相应的防治措施。

3. 设计方案

(1) 防护对象分析。响水沟位于坝址上游右岸长河坝水电站库区，长河坝水电站正常蓄水位为1690.00m。响水沟常年有水。在"7·23"泥石流发生后，响水沟为中度易发的黏性泥石流沟，中度易发，危险性中等。泥石流对水电站施工期影响较大。

响水沟内有S211永久改线路通过，S211线瓦斯沟口—丹巴段长107km，为二级公路。S211永久改线公路跨响水沟方案已调整为跨沟大桥，布置高程在1703.00m以上，比水电站正常蓄水位高13m。

响水沟内规划堆渣容量为730万m³，弃渣场布置成2个平台，即1620.00m高程平台和1680.00m高程平台，渣场堆渣最大高度160m，为工程永久性特大型库内弃渣场。水电站蓄水后，渣场位于死水位1680.00m以下，沟水、泥石流直接从响水沟汇入水电站水库内，沟水和泥石流防治设施即废弃。

响水沟沟口两岸布置有施工道路（通向渣场的12号公路，通向料场的14号公路）。12号公路为洞线布置接响水沟右岸高程1620.00m左右；14号公路也为洞线布置，接响水沟块石料场，布置高程较高。水电站蓄水后，施工道路即废弃。

长河坝水电站总装机2600MW，砾石土心墙堆石坝最大坝高240m，总库容11.4亿

m^3。根据《水电枢纽工程等级划分及设计安全标准》(DL 5180—2003)和《防洪标准》(GB 50201—2014),枢纽工程为Ⅰ等大(1)型工程,主要永久性建筑物级别为 1级,次要建筑物为 3 级。响水沟渣场为工程永久性特大型库内弃渣场,渣场属于该工程的次要建筑物,因此渣场按 3 级建筑物考虑。

该工程 2 条初期导流洞布置在右岸,隧洞断面尺寸 12.0m×14.5m(宽×高),进口底板高程 1482.00m,出口底板高程 1475.00m。1 号导流洞长 1061.079m;2 号导流洞长 1235.409m。上游围堰距坝轴线约 570.0m,堰顶高程为 1530.50m,最大堰高 53.50m,堰顶长 185.77m,堰顶宽 12.00m;围堰上游边坡比为 1:2.0,下游边坡比为 1:1.8,上游围堰堰体防渗采用土工膜心墙防渗,堰基防渗采用混凝土防渗墙。

根据长河坝水电站主体工程施工进度安排,2010 年 11 月河床截流,进行围堰防渗墙施工,2011 年 5 月防渗墙施工完成,原河床过流,2011 年 11 月至 2012 年 5 月围堰施工完成,至 2014 年 5 月以前大坝基坑由围堰挡水保护,导流标准为 50 年洪水重现期,设计流量 5790m³/s 流量,上游水位 1528.30m,相应库容 0.37 亿 m^3;2014 年 5 月以后,坝体填筑至高程 1545.00m,能挡 200 年一遇的洪水流量($Q = 6670m^3/s$),上游水位 1542.40m,相应库容 0.63 亿 m^3,2016 年 11 月初期导流洞下闸封堵,2016 年 12 月坝体填筑到顶,2017 年 5 月初中期导流洞下闸蓄水,6 月蓄至死水位。

泥石流防治工程安排在 2010 年 11 月至 2011 年 5 月进行施工,根据土石平衡规划,前期开挖渣料用于场地垫高;在 2011 年 9 月开始堆渣,至 2012 年 12 月主要开挖已完成,响水沟渣场基本形成。

根据分析计算,原沟道响水沟泥石流最大可能威胁范围为 0.055km²,最大堆积长度约 535m,最大堆积宽度约 108m。

在 3% 频率下响水沟泥石流对建筑物冲击力可达 18.9kPa。在此冲击力作用下,水电站施工期渣体坡脚浆砌石挡渣墙易被破坏,使上部松散堆积体失稳,随流体冲出沟口,影响渣场使用,同时可能造成大渡河堵塞。在"7·23"泥石流过程中,渣场原有弃渣堆积,部分随泥石流冲出沟口。此外,当渣场堆渣较多后,形成一座坝体,当泥石流冲击力不足以冲毁渣场堆积体时,泥石流在渣场上游堆积,影响渣场库容量。

"7·23"泥石流冲出物堵塞大渡河形成堰塞湖。响水沟堆积区长约 360m、宽约 500m,面积约 0.2km²,位于高程 1500.00~1520.00m 之间,相对高差 20m,平均纵坡降为 55.5‰。

2011 年汛期,响水沟渣场基本未堆渣;2012—2013 年汛期,响水沟已堆渣,围堰已形成,响水沟若发生泥石流,将进入围堰库内。2014 年汛期大坝具备挡水条件,响水沟若发生泥石流,对围堰和大坝的破坏影响减小。由于导流洞进口距响水沟 1.67km,围堰距响水沟 2km,当响水沟发生泥石流带动渣场影响范围小于"7·23"泥石流时,导流洞和围堰是相对安全的;当响水沟发生泥石流带动渣场影响范围大于"7·23"泥石流时,导流洞和围堰是存在风险的。

综合以上分析,响水沟泥石流防治对象为响水沟渣场和水电站导流工程 3 级建筑物,防护时段为水电站蓄水前的施工期 5 年。

(2)防治工程设计标准。

1)设计洪水标准。原可行性研究设计阶段,响水沟渣场规划渣场顶高程为

1700.00m，堆渣量约 828 万 m³，堆渣总高度约 180m。规划 S211 永久改线公路从渣场顶部通过响水沟。响水沟常年有水，为确保渣场以及 S211 永久改线公路的安全，沟水拟采用低坝挡水，隧洞引排至大渡河的处理方式。由于堆渣高程超出了水库正常蓄水位，且有 S211 永久改线公路从渣场顶部通过，沟水处理工程按照永久性建筑物设计。根据《防洪标准》（GB 50201—2014），考虑到堆渣容量超过 100 万 m³，堆渣高度超过 100m，响水沟沟水处理按 50 年洪水重现期设计，相应洪水流量为 71.0m³/s。

响水沟泥石流发生后，S211 永久改线公路已改为采用桥梁跨响水沟。根据施工总布置规划，弃渣场布置成两个平台，即 1620.00m 高程平台和 1680.00m 高程平台。渣场堆渣最大高度 160m，规划堆渣容量为 730 万 m³，为工程永久性特大型库内弃渣场。水电站蓄水后，响水沟渣场位于库区死水位以下。

《水电工程施工组织设计规范》（DL/T 5397—2007）规定：工程施工期临时堆存有用料的存渣场，根据渣场的位置、规模及渣料回采要求等因素，其防洪标准在 5～20 年重现期内选用。库区死水位以下的渣场，根据渣场规模、河道地形与水位变化及失事后果等因素，其防洪标准在 5～20 年重现期内选用。若蓄水前渣场使用时间较长，经论证亦可提高渣场防洪标准。

《水电建设项目水土保持方案技术规范》（DL/T 5419—2009）规定：水库蓄水后，全部设置在水库淹没范围内的永久弃渣场，防洪标准不超过 20 年一遇。因工程施工需要，在施工过程设置的临时弃渣场，防洪标准不超过 5 年一遇。

《四川省开发建设项目水土保持方案编制中有关技术问题暂行规定》规定：临河型和水库型渣场可按渣场的规模分为 3 个等级，渣场规模大于 50 万 m³，防洪设计标准为 30～50 年，库底型渣场的设计洪水可采用项目工程的施工洪水标准。

在水电站下闸蓄水前，为保证响水沟渣场的安全，针对沟水需布置挡墙、排水洞、挡水坝等临时性建筑物进行防护。根据《水电枢纽工程等级划分及设计安全标准》（DL 5180—2003），该防治工程规模为 V 等小（2）型，建筑物为临时性水工建筑物，级别为 5 级，相应洪水设计标准土石类结构为重现期 5～10 年，混凝土类结构为重现期 3～5 年。防护对象及防洪标准对照见表 3.2。

表 3.2　　　　　　　　　防护对象及防洪标准对照表

防护对象	防洪标准	规程、规范依据
响水沟弃渣场	5～20 年	《水电工程施工组织设计规范》（DL/T 5397—2007）
	≤20 年（永久渣场） ≤5 年（临时弃渣）	《水电建设项目水土保持方案技术规范》（DL/T 5419—2009）
	30～50 年	《四川省开发建设项目水土保持方案编制中有关技术问题暂行规定》
现防治工程建筑物	5～10 年设计（土石类） 3～5 年设计（混凝土类）	《水电枢纽工程等级划分及设计安全标准》（DL 5180—2003）
设计采用的防洪标准	30 年	

综合分析以上防护对象及标准，防治工程设计洪水标准根据《水电工程施工组织设计规范》（DL/T 5397—2007）规定上限值，设计标准应采用 20 年洪水重现期。但考虑四川

省相关规定，提高洪水标准并采用 30 年洪水重现期设计，相应洪水流量为 $64.8\text{m}^3/\text{s}$。

2）泥石流灾害防治工程安全等级及设计标准。根据地质专业响水沟泥石流危险性评价，响水沟在"7·23"泥石流发生以前为低频率黏性泥石流沟，在"7·23"泥石流发生后，沟道内细颗粒物质出露地表，在降雨作用下易揭底，同时沟道两侧受泥石流冲刷，崩塌滑坡相对发育。在"7·23"泥石流发生后响水沟泥石流为中度易发，对电站施工期影响较大。

参考《城市防洪工程设计规范》（GB/T 50805—2012），防洪标准应根据城市等别、洪灾类型按表 3.3 确定。

表 3.3　　　　　　　　　　　　　防　洪　标　准

城市等别	防洪标准（重现期：年）		
	河（江）洪、海潮	山洪	泥石流
一（人口≥150 万）	>200	100～50	>100
二（人口 150 万～50 万）	200～100	50～20	100～50
三（人口 50 万～20 万）	100～50	20～10	50～20
四（人口≤20 万）	50～20	10～5	20

根据表 3.3，沟内及沟口影响区无人员居住，施工期沟内仅有少量渣料运输、管理施工人员及设备作业活动，响水沟泥石流防治标准应采用 20 年重现期。

参照地矿行业标准《泥石流灾害防治工程设计规范》（DZ/T 0239—2004），泥石流灾害防治工程安全等级标准及泥石流灾害防治主体工程设计标准见表 3.4 和表 3.5。

表 3.4　　　　　　　　　　泥石流灾害防治工程安全等级标准

地质灾害	防治工程安全等级			
	一级	二级	三级	四级
受灾对象	省会级城市	地、市级城市	县级城市	乡、镇及重要居民点
	铁道、国道、航道主干线及大型桥梁隧道	铁道、国道、航道及中型桥梁、隧道	铁道、省道及小型桥梁、隧道	乡、镇间的道路桥梁
	大型的能源、水利、通信、邮电、矿山、国防工程等专项设施	中型的能源、水利、通信、邮电、矿山、国防工程等专项设施	小型的能源、水利、通信、邮电、矿山、国防工程等专项设施	乡、镇级的能源、水利、通信、邮电、矿山等专项设施
	一级建筑物	二级建筑物	三级建筑物	普通建筑物
死亡人数	>1000	1000～100	100～10	<10
直接经济损失/万元	>1000	1000～500	500～100	<
期望经济损失/(万元/a)	>1000	1000～500	500～100	<
防治工程投资/万元	>1000	1000～500	500～100	<

注　表中的一、二、三级建筑物是指《建筑地基基础设计规范》（GB 50007—2011）规范中一、二、三级建筑物。

表 3.5 　　　　　　　　　　　泥石流灾害防治主体工程设计标准

防治工程安全等级	降雨强度（重现期）	拦挡坝抗滑安全系数		拦挡坝抗倾覆安全系数	
		基本荷载组合	特殊荷载组合	基本荷载组合	特殊荷载组合
一级	100 年	1.25	1.08	1.60	1.15
二级	50 年	1.20	1.07	1.50	1.14
三级	30 年	1.15	1.06	1.40	1.12
四级	10 年	1.10	1.05	1.30	1.10

同时该设计规范规定："泥石流灾害防治工程安全等级的划分，宜采用以受灾对象及灾害程度为主、适当参考工程造价的原则，进行综合确定"。

施工期沟内及沟口影响区无人员居住，沟内仅有少量渣料运输、管理施工人员及设备作业活动，在施工期对泥石流加强预警预报后，死亡人数应在 10 人以下。

响水沟泥石流防治的保护对象为响水沟渣场、导流洞及大坝围堰，保护时段为 5 年。

水电站完建运行期内渣场位于水库死水位以下，若发生泥石流，泥石流直接进入水库内，至此泥石流防治任务结束。

该工程区防治工程投资大于 1000 万元。

综上所述，参照地矿行业标准《泥石流灾害防治工程设计规范》（DZ/T 0239—2004），泥石流灾害防治工程安全等级从人员伤亡条件可取四级，但考虑泥石流防治对象为沟内布置的特大型弃渣场和导流工程，其为 3 级建筑物，泥石流灾害防治工程安全等级可取三级，同时考虑"7·23"泥石流的影响，防治工程安全等级采用三级。

参照相关行业标准，经综合分析确定，泥石流灾害防治工程安全等级取三级；对应降雨强度取 30 年一遇。泥石流灾害防治主体工程设计标准取安全等级三级对应的建筑物安全系数。根据响水沟泥石流调查研究报告，响水沟泥石流峰值流量 Q_c（$P = 3.33\%$）= 656.1m³/s，泥石流体整体冲压力（$P = 3.33\%$）为 18.9kPa，最大粒径（$P = 3.33\%$）为 6.8m。

（3）设计方案。

1）总体设计思路。根据响水沟水文气象、地形地质条件及响水沟工程区施工布置规划，针对响水沟沟水，防治工程施工期可利用现有排水洞引排至大渡河。

泥石流防治一般遵循以防为主、以避为宜的原则。响水沟工程区泥石流防治时段主要在水电站施工期，防护对象响水沟弃渣场和导流工程为 3 级建筑物。

首先，在响水沟工程区范围内渣场料场布置规划、道路布置设计过程中考虑泥石流的影响，进行适当调整。

其次，针对泥石流采取相应的工程治理措施。工程措施采用充分发挥泥石流排、拦、固等综合防治技术的联合作用。

另外，应建立健全响水沟泥石流预警预报体系。

2）防治工程布置方案选择。响水沟常年有水，原排水洞现已恢复过水，部分渗水沿原沟道汇入大渡河。原排水洞过流能力满足现行防洪标准下的设计流量。

　　泥石流防治工程施工期间，沟水可基本维持现状过流。泥石流防治工程完建后，沟水可通过排水洞或泥石流排导建筑物（排导隧洞或排导槽）排泄至大渡河。沟水通过建筑物引排后可避免沟水对渣场的冲刷，保证施工期响水沟渣场及料场工程区干地施工。

　　根据实地调查及遥感解译，响水沟流域内松散物质达 1337.77 万 m^3，其中可直接参与泥石流物源为 370.64 万 m^3。响水沟泥石流一次冲出固体物较多，2009 年 7 月 23 日暴发的 300 年一遇泥石流一次流出总量为 56.9 万 m^3。经计算，30 年一遇泥石流一次泥石流总量为 11.9 万 m^3，固体冲出量为 5.41 万 m^3。

　　响水沟主沟沟道长度 14.26km，天然沟道平均纵坡 246.2‰。响水沟工程区渣场布置在距沟口约 1200m 范围内的沟内，距沟口 360~1200m 范围为响水沟泥石流流通区，沟道坡降为 172.9‰，沟道呈 V 形，沟道两侧坡体自然坡度多大于 70°；距沟口长约 360m 范围为响水沟泥石流堆积区，相对高差 20m，平均纵坡降为 55.5‰。

　　思路一：针对泥石流采取以拦挡为主，采用"设库停淤，拦挡为主"的思路。则需在响水沟渣场范围（距沟口 1200m 位置）上游布置混凝土拦挡坝，泥石流发生后固体冲出物停淤在拦挡坝库内，洪水则通过排水洞引排。

　　思路二：针对泥石流采取以排导为主的思路。根据地形地质条件，响水沟有布置泥石流排导建筑物条件，若发生大型泥石流，泥石流及洪水可通过泥石流排导建筑物直接引排至大渡河。

　　根据防治工程布置设计思路，经方案比选，推荐采用布置底板成 V 形的排导隧洞排泄响水沟泥石流方案。

　　20 世纪 80 年代铁路设计中成功研究出用 V 形槽排泄泥石流固体物质技术。实践证明，在泥石流沟上设 V 形涵洞排泄泥石流是完全可行的。如 1988 年成昆线北段铁口车站改造了瓦支沟泥石流 2m×5.0m V 形涵洞，排淤效果甚佳；1991 年成昆线南段大弯子车站改造了 6 座平底涵洞，增建了 1 座 V 形涵洞，其排泄泥石流效果与 V 形槽一样良好。V 形排导隧洞借鉴 V 形涵洞的技术经验，认为 V 形排导隧洞排泄泥石流功能和特性与 V 形涵洞相似。

　　响水沟上游在高程 2742.00m 处发育一条支沟，支沟交汇处沟道拐弯，呈 S 形，支沟以下沟道总体顺直，响水沟主沟沟道长度 14.26km，主沟沟谷形态多呈 V 形，沟谷基岩裸露，地形陡峻，沟道在距沟口上游约 1500m 范围内拐弯较大。响水沟的地形、地质条件对在距沟口上游约 1500m 的弯道凹岸（左岸）布置排导隧洞有利，排导隧洞进口与响水沟主沟顺直连接，进口设置前槽及洞身底板设置成 V 形。若响水沟发生泥石流，则通过 V 形排导隧洞引排至大渡河边。泥石流将被大渡河水流带走或停淤在大渡河右岸岸边，因排导隧洞出口与大渡河岸边相接部位平坦开阔，且位于围堰库内，泥石流淤积不会影响水电站的施工。

　　参考铁路中泥石流排导涵洞的设计经验布置排导隧洞排导泥石流。考虑排导隧洞为封闭式，排导隧洞流态设计为明流，与排导槽流态类似。排导隧洞断面尺寸及纵坡满足过流能力，并防止洞口及洞内堵塞，宽、高均应满足最大粒径要求。排导隧洞洞身段长 385m，纵坡 $i=12.0\%$，横坡 $i=25.0\%$，设计排泄泥石流峰值流量 $Q_c(P=3.33\%)=656.1 m^3/s$，结合隧洞设计要求，经综合分析排导隧洞过流断面取为 14.0m×(14.0~

16.0)m，典型剖面如图3.9所示。

在排导隧洞进口设置V形前槽，将泥石流平顺引导入排导隧洞，并防止冲刷原沟床。

在排导隧洞上游沟道内设置切口坝，当一般流体过流时，流体中的泥沙能自由地由切口通过；而在山洪泥石流暴发期间，泥石流冲出物中的超大粒径物质则被拦蓄在切口坝库内，且可以减小泥石流冲刷和冲击力。

4. 建筑物设计

（1）拦挡坝。在排导隧洞进口上游布置拦挡坝，旨在拦蓄泥石流流体中的大粒径冲出物，减小泥石流冲刷和冲击力，减小排导隧洞进口段堵塞的可能性，减缓洞身磨损。

1）坝线选择。1号拦挡坝布置在排导隧洞前槽上游306m位置，在交通桥上游40m位置。2号拦挡坝布置在距渣场上游约320m位置；距排导隧洞前槽进口150m位置，距离较远，泥石流越坝过流后不会堵塞排导隧洞进口。

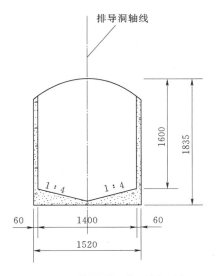

图3.9　排导隧洞典型剖面图（单位：cm）

拦挡坝基础覆盖层主要由漂卵砾石层组成，其中分布于左岸的漂卵砾石是早期洪积形成的，结构密实。坝址两岸基岩主要是由澄江—晋宁期石英闪长岩组成，裂隙不发育。

2）坝型选择。为提高坝体整体强度和稳定性，拦挡坝均选择混凝土切口坝型式以拦挡泥石流固体物质。切口间设置混凝土隔墩。

3）坝顶高程。1号拦挡坝坝高设置考虑切口正常过流情况下泥石流不越坝，切口被堵塞后越坝泥石流启动最大粒径满足排导隧洞过流要求。所以1号拦挡坝基础开挖至高程1707.00m。大粒径固体冲出物主要被拦蓄在1号拦挡坝前，考虑切口被堵塞，1号拦挡坝拦渣库容估算见表3.6。

表3.6　　　　　　　　　　　　1号拦挡坝拦渣库容估算表

坝顶高程/m	拦渣库容/万 m³	坝顶高程/m	拦渣库容/万 m³
1718.00	0.22	1720.00	0.31

坝高取大值时拦渣库容增加不大，稳定性要求高，特别是两切口间中隔墩截面应力偏大。综合考虑1号拦挡坝坝顶高程取1718.00m，最大坝高11m，有效拦挡高度为8m左右。

2号拦挡坝坝高设置考虑其下游至排导隧洞进口段泥石流顺直下泄而不会形成大规模淤积，且可拦挡更小粒径固体物质。所以2号拦挡坝坝高应设置较低，基础开挖至高程1691.00m，拦挡坝坝顶高程取1702.00m，最大坝高8m，有效拦挡高度为5m左右，拦渣库容0.5万 m³。切口坝底板下游侧设置齿槽防冲。

4）结构设计。根据地形条件，1号拦挡坝坝顶长度39m，布置有5孔切口，4个中隔墩。坝体采用C20混凝土，底板厚度1.5m，顺水流向长度15m，切口坝底板下游侧设置齿槽防冲。下游铺设钢筋石笼护底。为提高切口坝拦蓄大粒径冲出物能力，1 号切口坝切口宽度为 4m，泥石流发生后粒径大于 4m 的固体物质将拦蓄在 1 号切口坝库内。切口间布置混凝土隔墩，隔墩高 8m，宽 3.0m，满足抗冲击强度和稳定性。

2 号拦挡坝坝顶长度 34m，布置有 5 孔切口，4 个中隔墩。坝体采用 C20 混凝土，底板厚度 1.5m，顺水流向长度 12m，切口坝底板下游侧设置齿槽防冲。下游铺设钢筋石笼护底。2 号切口坝切口宽度为 3m，，切口间布置混凝土隔墩，隔墩高 5m，宽 2m。

5）结构计算。1 号拦挡坝与 2 号拦挡坝设计工况相同，切口坝稳定计算参照重力式拦挡坝计算方法。

选取拦挡坝典型断面进行结构整体承载能力分析，主要计算的基本荷载有：坝体自重 W_d、泥石流土体重 W_s、溢流体重 W_f、冲击力 F_c、扬压力 F_y、水平水压力 W_{wl} 和泥石流水平压力 F_{dl}。设计计算工况分为以下几种：

a. 工况一（基本荷载组合）：坝体自重＋泥石流土体重＋溢流体重＋冲击力＋扬压力＋水平水压力＋泥石流水平压力（正常过流）。

b. 工况二（基本荷载组合）：坝体自重＋泥石流土体重＋溢流体重＋扬压力＋水平水压力＋泥石流水平压力（越坝过流）；考虑大粒径物质拦蓄在库内，泥石流越坝泄流。

拦挡坝荷载作用简图如图 3.10 和图 3.11 所示。

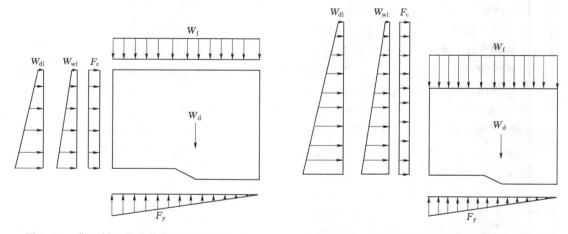

图 3.10　典型剖面荷载作用简图（工况一）　　　图 3.11　典型剖面荷载作用简图（工况二）

c. 滑动稳定验算。沿基底的抗滑稳定安全系数计算公式为

$$K_c \leqslant \frac{f \sum V}{\sum H} \tag{3.1}$$

式中：K_c 为抗滑稳定安全系数；$\sum V$ 为作用于每单宽端面上各垂直力的总和，N；$\sum H$ 为作用于每单宽端面上各水平力的总和，N；f 为坝体与坝基的摩擦系数。

d. 倾覆稳定验算。倾覆稳定系数计算公式为

$$K \geqslant \frac{\sum M_y}{\sum M_0} \tag{3.2}$$

式中：K 为抗倾覆安全系数；M_y 为抗倾覆力矩，N·m；M_0 为倾覆力矩，N·m。

e. 基底应力及偏心验算。作用于基底的合力的偏心矩计算公式为

$$e = \frac{B}{2} - Z_n \qquad (3.3)$$

式中：Z_n 为作用于基底的合力的法向分力 N 对 O 点的力臂，m。

地基承载力应满足下式：

$$\sigma_{max} = \frac{\sum V}{B}\left(1 + \frac{6e}{B}\right) \leqslant [\sigma] \qquad (3.4)$$

$$\sigma_{min} = \frac{\sum V}{B}\left(1 - \frac{6e}{B}\right) \geqslant 0 \qquad (3.5)$$

式中：σ_{max} 为最大地基应力；σ_{min} 为最小地基应力；B 为断面宽度；$[\sigma]$ 为地基容许承载力。

f. 计算成果。拦挡坝结构计算主要参数见表 3.7，拦挡坝稳定计算成果见表 3.8 和表 3.9。

表 3.7　　　　拦挡坝结构计算主要参数表

参　数	数　值	参　数	数　值
坝体混凝土容重/(kN/m³)	24	泥石流整体冲压力/kPa	13.6
泥石流设计流量/(m³/s)	656.1	地基摩擦系数	0.45
泥石流容重/(kN/m³)	17.5		

表 3.8　　　　1 号拦挡坝稳定计算成果表

工况	抗滑安全系数	抗倾覆安全系数	最小地基应力/MPa	最大地基应力/MPa
工况一	1.68	2.19	0.16	0.17
工况二	1.08	1.62	0.11	0.12
备注	1. 工况一为正常过流工况；工况二为越坝过流工况； 2.《泥石流灾害防治工程设计规范》（DZ/T 0239—2004）规定抗滑安全系数基本荷载组合为 1.15，特殊荷载组合为 1.06； 3.《泥石流灾害防治工程设计规范》（DZ/T 0239—2004）规定抗倾覆安全系数基本荷载组合为 1.40，特殊荷载组合为 1.12			

表 3.9　　　　2 号拦挡坝稳定计算成果表

工况	抗滑安全系数	抗倾覆安全系数	最小地基应力/MPa	最大地基应力/MPa
工况一	2.32	2.25	0.06	0.07
工况二	2.57	1.50	0.05	0.06
备注	1. 工况一为正常过流工况；工况二为越坝过流工况； 2.《泥石流灾害防治工程设计规范》（DZ/T 0239—2004）规定抗滑安全系数基本荷载组合为 1.15，特殊荷载组合为 1.06； 3.《泥石流灾害防治工程设计规范》（DZ/T 0239—2004）规定抗倾覆安全系数基本荷载组合为 1.40，特殊荷载组合为 1.12			

根据以上计算结果，拦挡坝在各工况下抗滑、抗倾安全系数、地基应力均满足规范要求。

g. 隔墩强度验算。隔墩强度验算选取泥石流过坝最不利工况，即对中隔墩单侧过泥石流工况进行复核，计算成果见表3.10。隔墩厚度设置满足强度要求。

表3.10　　　　　　　1号、2号拦挡坝隔墩强度计算成果表

部位	支座处剪力/kN	跨中弯矩/(kN·m)	支座弯矩/(kN·m)	配筋
1号坝中隔墩	23.428	2.343	3.905	构造配筋
2号坝中隔墩	16.488	1.649	2.748	构造配筋

h. 坝下防冲刷验算。坝下冲刷长度按安格荷尔兹（Angerhalzen）公式计算：

$$L = (v_1 + \sqrt{2gh_1})\sqrt{\frac{2h_2}{g}} + h_1 \tag{3.6}$$

式中：L 为冲刷坑长度，m；v_1 为越坝泥石流水平流速，m/s；h_2 为上、下游水位差，m；h_1 为坝顶上游溢流水深，m；g 为重力加速度，为 9.8m/s²。

考虑切口淤积大粒径固体物质，泥石流漫流下泄。上、下游泥位差取5m。计算得：1号坝 $L=22.3$m，在1号拦挡坝下游平距25m的范围内，铺设1.5m厚的钢筋石笼防冲。2号坝 $L=21.5$m，在2号拦挡坝下游平距25m的范围内，铺设1.5m厚的钢筋石笼防冲。

（2）排导隧洞。

1）断面尺寸确定。排导隧洞进口布置于距沟口上游约1500m的弯道凹岸（左岸），距渣场120m左右，隧洞进口与响水沟主沟顺直连接，进口及洞身底板设置成V形。若响水沟发生泥石流，则通过V形排导隧洞引排至大渡河。

根据调查，响水沟"7·23"泥石流暴发时，响水沟沟道较窄位置沟底宽度约15m，该部位泥石流过流平顺，泥痕高度约11m。

响水沟30年一遇泥石流流量为656.1m³/s，排导隧洞根据黏性泥石流流速公式估算过流能力，过流断面尺寸为12.0m×6.0m。

参考铁路中泥石流排导涵洞设计经验："涵单孔孔径不得小于泥石流流体中最大颗粒直径的2.5倍"，响水沟30年一遇泥石流可搬运最大粒径为6.8m，考虑排导隧洞为封闭式，堵塞风险较大，宽、高均应满足最大粒径要求。断面尺寸需17m×20.0m，隧洞规模偏大。

考虑在排导隧洞上游设置两级切口坝，单孔切口宽度为5m。正常过流情况下坝体切口可拦蓄泥石流粒径大于5m固体物质；当拦渣坝淤满或切口被大粒径堵塞，泥石流将漫顶越坝过流，越坝泥石流所能搬运的最大块石粒径可参考《泥石流防治工程技术》，按经验公式估算。

水平流速公式：

$$v_1 = \sqrt{2gh_1} \tag{3.7}$$

式中：v_1 为水平流速，m/s；h_1 为坝顶上游漫流泥深，m；g 为重力加速度，m/s²。

越坝泥石流所能搬运的最大块石粒径，根据莱斯利（Leslie）的近似公式：

$$d_c = \frac{v_1^2}{\xi^2} \tag{3.8}$$

式中：d_c 为搬运石块的最大粒径，m；v_1 为泥石流水平流速，m/s；ξ 为系数，对天然石块一般取为 4。

2 号拦挡坝越坝坝顶上游漫流泥深计算为 4.85m，水平流速 $v_1 = 9.7$m/s，越坝泥石流可搬运块石最大粒径估算为 $d_c = 5.8$m。

黏性泥石流呈整体运动，粗颗粒呈悬浮状。响水沟 30 年一遇泥石流情况下，排导隧洞泥深估算为 6.5m，根据经验考虑粒径 5m 块石 1/3～2/3 高度悬浮在流体表面，过流高度为 10m。

不同排导隧洞洞径方案直接投资比较见表 3.11。

表 3.11　　　　　　　　　　　　不同排导隧洞洞径的直接投资

特性	单位	方案一	方案二	方案三	备注
过流断面（宽×高）	m×m	17×20	14×16	14×（14～16）	
直接投资	万元	7287.2	5674.84	5058.91	

从上表可以看出，排导隧洞洞径 17m×20m 及 14m×16m 方案造价相对较高。经综合分析，在排导隧洞上游设置两级切口坝，结合隧洞设计要求，排导隧洞过流断面洞径选择方案三。排导隧洞桩号 0+000.00～0+095.00 段尺寸为 14.0m×16.0m，直墙段高度设为 12m；桩号 0+095.00～0+385.00 段尺寸为 14.0m×14.0m，隧洞直墙段高度设为 10m，能确保最大粒径为 5m 的固体冲出物平顺下泄，保证排导隧洞洞内流态为明流流态。排导隧洞典型断面如图 3.9 所示。

2）纵坡、横坡布置。V 形槽底部由含纵、横坡度的两个斜面组成重力束流坡度，有关系如下：

$$I_束 = \sqrt{I_纵^2 + I_横^2} \tag{3.9}$$

式中：$I_束$ 为重力束流坡度，%；$I_纵$ 为纵坡坡度，%；$I_横$ 为横坡坡度，%。

结合成昆铁路及云南地方使用 V 形槽整治泥石流工程实践资料和研究成果，参数 I 值取用下列范围：35≥$I_束$≥20（%）；35≥$I_纵$≥1（%）；30≥$I_横$≥10（%）。

响水沟泥石流排导隧洞 $I_纵$ 及 $I_横$ 按照上述参数取用范围，并考虑隧洞施工难度及工期要求，取 $I_纵$＝12%，$I_横$＝25%，$I_束$＝27.7%。

3）结构布置。

a. 前槽段布置。排导隧洞桩号 0−080.00～0+000.00 段为前槽段，结合主沟及两岸地形布置，将泥石流平顺引导进洞。桩号 0−080.00～0+000.00 段前槽底板设置为平底，左侧导墙设置为贴坡型式，右侧导墙设置为重力式挡土墙型式，左右边墙迎水面坡比为 1∶0.5。桩号 0−040.00～0−020.00 段前槽底板设置为平底渐变至 V 形底板，左、右侧导墙均设为贴坡型式，迎水面坡比为 1∶0.5。桩号 0−020.00～0+000.00 段前槽底板为

V 形，左、右侧导墙均设为贴坡型式，迎水面坡比由 1 : 0.5 渐变至直立，与隧洞边墙衔接。

b. 洞身段布置。排导隧洞桩号 0+000.00~0+385.00 段为洞身段，V 形排导隧洞平面取直线布置，洞身段长 385m，设计纵坡 i=12.0%。V 形底板横坡坡比为 1 : 0.25，底板厚 0.6~2.37m，Ⅱ、Ⅲ 类围岩洞段底板、边墙钢筋混凝土衬砌，边墙衬砌厚度 0.6m，顶拱不衬砌；Ⅳ 类围岩洞段全断面钢筋混凝土衬砌，边墙顶拱衬砌厚度 0.6m。

c. 出口明槽布置。排导隧洞桩号 0+385.00~0+589.00 段为排导隧洞出口明槽段，下游与大渡河边平顺相接。出口明槽段开挖成倒梯形断面，底宽 14m，明槽高度 6m 左右。明槽段桩号 0+385.00~0+405.00 段底板和边墙钢筋混凝土衬砌；桩号 0+405.00~0+575.00 段开挖后进行喷锚支护，明槽边坡坡比为 1 : 0.5。泥石流及沟水通过排导隧洞出口明槽段引排至大渡河边。

4) 洞身过流能力计算。

a. 洪水泄流能力计算。采用明渠均匀流公式，沿程水面线为 b2 型降水曲线，水力计算成果见表 3.12，水面线计算成果见表 3.13。

表 3.12　　　　　　　　　　　水 力 计 算 成 果 表

工况	标准/%	流量/(m³/s)	纵坡/%	槽宽度/m	正常水深 h_0/m	临界水深 h_k/m	流速/(m/s)	桩号
设计工况	3.33	64.8	12	14.0	0.389	1.298	3.56~11.63	0+000~0+385

表 3.13　　　　　　　　　　　水 面 线 计 算 成 果 表

桩号	标准/%	流量/(m³/s)	水深 h/m	流速/(m/s)
0+50	3.33	64.8	0.57	8.15
0+100	3.33	64.8	0.42	10.95
0+145	3.33	64.8	0.38	11.63

b. 泥石流过流能力计算。排导隧洞设计为明流过流，采用黏性泥石流流速公式，计算成果见表 3.14。黏性泥石流流速公式如下：

$$V_c = K_c H_c^{2/3} I_c^{1/5} \tag{3.10}$$

式中：V_c 为黏性泥石流流速，m/s；H_c 为泥石流泥深，m；I_c 为泥石流流面（或沟底）坡度，%；K_c 为黏性泥石流流速系数。

表 3.14　　　　　　　　　　　黏性泥石流计算成果表

工况	标准/%	设计流量/(m³/s)	纵坡/%	横坡/%	洞宽/m	设计泥深/m	计算泥石流流速/(m/s)	计算可过流流量/(m³/s)
设计工况	3.33	656.1	12	25	14	10	7.42	1221

排导隧洞按泥深 10m 过流计算，其超泄能力较大。

5) 结构设计。

a. 洞身结构设计。排导隧洞拟采用衬砌型式如下：Ⅱ、Ⅲ类围岩洞段底板、边墙钢筋混凝土衬砌，边墙衬砌厚度 0.6m，顶拱不衬砌；Ⅳ类围岩洞段全断面钢筋混凝土衬砌，边墙顶拱衬砌厚度 0.6m。拟采用的排导隧洞支护设计见表 3.15。

表 3.15　　　　　　　　　　排导隧洞支护参数表

围岩类别	衬砌厚度	支护参数
Ⅳ	顶拱、边墙 0.6m	喷混凝土 15cm，锚杆：$L=6.0$m，9m 相间布置，间排距 2m，局部挂钢筋网
Ⅲ	顶拱不衬砌、边墙 0.6m	喷混凝土 10cm，锚杆：$L=4.5$m，6m 相间布置，间排距 2m
Ⅱ		

采用理正隧洞衬砌计算软件进行计算，典型断面内力图如图 3.12 和图 3.13 所示。

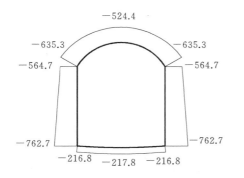

（a）轴力图（设计值）（单位：kN）

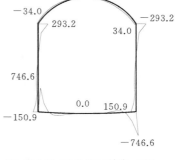

（b）剪力图（设计值）（单位：kN）

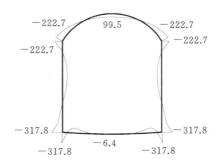

（c）弯矩图（设计值）（单位：kN·m）

图 3.12　内力图（Ⅳ类围岩）

b. 前槽段结构设计。前槽平面布置图如图 3.14 所示。导流堤斜流冲高按式（3.11）计算：

$$\Delta Z = \frac{\overline{v_c}^2 \sin^2\beta}{g\sqrt{1+m^2}} \tag{3.11}$$

式中：ΔZ 为在导流堤边坡上的局部冲高值，m；$\overline{v_c^2}$ 为平均流速，m/s；m 为导流堤边坡坡度；β 为流向与导流堤所成平面夹角，考虑最不利情况取 $90°$；g 为重力加速度，m/s²。

前槽与排导隧洞连接部位宽度为 14m，估算设计流量下泥石流流速为 6.5m/s，泥深

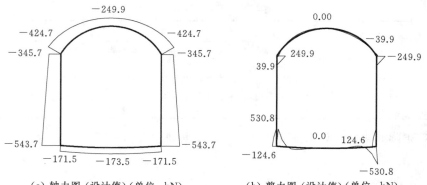

(a) 轴力图（设计值）（单位：kN）　　　　(b) 剪力图（设计值）（单位：kN）

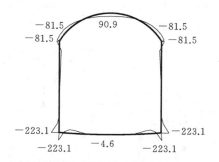

(c) 弯矩图（设计值）（单位：kN·m）

图 3.13　内力图（Ⅱ、Ⅲ类围岩）

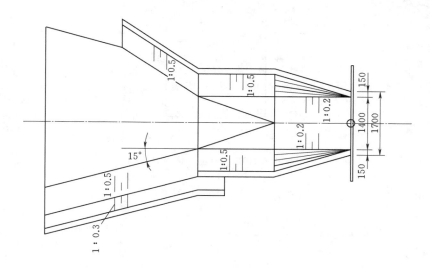

图 3.14　前槽平面布置图（单位：cm）

为 5.6m。计算 $\Delta Z = 3.85$m，考虑安全超高，且结合排导隧洞进口结构布置，前槽边墙高度取与排导隧洞直墙高度一致，为 12m。

排导隧洞前槽右边墙（重力式挡土墙）桩号 $0-080.00 \sim 0-060.00$，典型剖面稳定计算成果见表 3.16。安全系数满足规范要求。

表 3.16　　　　　　　　**稳定计算成果表**

部　位	抗滑安全系数	抗倾覆安全系数	备　注
前槽右边墙（桩号 $0-080.00 \sim 0-060.00$）	1.78	2.45	正常过流
前槽右边墙（桩号 $0-080.00 \sim 0-060.00$）	1.36	2.90	考虑泥石流冲击力（水平方向）

c. 排导隧洞进、出口边坡设计。排导隧洞进口坡体岩性主要为晋宁—澄江期石英闪长岩，无区域性断裂通过，地质构造以次级小断层、节理裂隙为特征。陡倾角长大裂隙在该部位较发育。进口天然边坡岩体结构总体以块裂结构为主，局部镶嵌结构，岩体总体为Ⅳ类。洞脸边坡岩体中不存在控制边坡稳定的软弱结构面，边坡整体稳定，但由于不利的结构组合，边坡中局部存在不稳定块体的可能。

排导隧洞出口边坡坡度一般 $35° \sim 40°$，岩性主要为晋宁—澄江期石英闪长岩。洞脸边坡岩体完整性较好，整体处于基本稳定状态，局部不利块体存在失稳破坏的可能。

根据排导隧洞进口布置，进口洞脸坡开挖高程至高程 1660.00m，采用垂直开挖方式，以上边坡设计开挖坡比为 $1:0.3$；侧边坡设计开挖坡比在高程 1681.75m 以下为 $1:0.5$，以上均为 $1:0.3$。开挖边坡每 20m 高差设一道 3m 宽的马道。进口边坡最大开挖坡高约为 60m。

根据排导隧洞出口布置，出口洞脸边坡开挖高程至高程 1621.50m，采用垂直开挖方式，以上边坡设计开挖坡比为 $1:0.3$；侧边坡设计开挖坡比在高程 1641.50m 以下为 $1:0.5$，以上均为 $1:0.3$。边坡顶部覆盖层开挖坡比为 $1:1$。开挖边坡每 20m 高差设一道 3m 宽的马道。出口边坡最大开挖坡高约为 65m。

根据边坡稳定性计算成果，并参考导流洞工程的经验，排导隧洞进、出口边坡工程处理措施如下：

考虑监测、维护及检修需要，同时考虑施工条件，开挖边坡基本按 20m 高度设置一级马道，马道宽度为 3m，采用自上而下的施工顺序分层形成开挖坡面，且采用边开挖边支护的施工措施。

为了防止开挖边坡表层块体的失稳和掉块，对边坡进行系统锚杆和喷射混凝土支护。边坡开挖后及时的喷锚支护可以防止松动的小块石掉块，同时限制边坡的松弛变形，避免岩体表面风化，增强边坡自稳能力。

系统锚杆支护参数为：根据不同高程范围的边坡，设置 $\phi25$，$L=4.5$m 和 $\phi28$，$L=6$m 或 $\phi28$，$L=6$m 和 $\phi32$，$L=9$m 锚杆，梅花形交错布置，间、排距为 2m。

开挖边坡坡面喷 C20 素混凝土，厚 15cm，对局部破碎岩体还需加挂钢筋网 $\phi6.5@15cm \times 15cm$。

在开挖边坡坡顶外设置截水沟，在开挖边坡表层设置 $\phi50$ 排水孔，间、排距为 4m，孔深 3m，仰角 5°。

开挖边坡根据不同高程和部位设置系统锚索和随机锚索。锚索参数初定为 $P=$ 1000kN，$L=30$m。具体参数根据现场开挖揭示的地质情况确定。

3.3.2.2　进水塔分层拦挡技术应用实例

水电工程施工总布置中的泥石流治理往往采用水石分离、拦固排水的治理方案，即布置拦挡坝拦蓄泥石流中的固体物质，在拦挡坝后布置挡水坝挡水、排水洞（涵、渠）排水。对于狭窄、坡降较大的泥石流沟，拦挡坝布置困难且形成的拦挡库容小、投资高，可充分利用挡水坝前库容停淤泥石流中的固体物质、排水洞前设置分层进水塔的结构型式，不仅达到拦固排水的目的，进而节省投资。两河口水电站瓦支沟泥石流采用了进水塔分层拦挡技术进行泥石流防治，取得了较好效果。

1. 概述

瓦支沟为两河口水电站坝址区庆大河左岸一级支流，为两河口水电站库内二级支流，沟口位于庆大河口上游约 2.5km 处。为工程建设需要，沟内在距沟口约 1.9km 处已于 2008 年底进行了沟水处理，修建有一座挡水坝和一个右岸排水隧洞，沟水处理工程挡水坝下游规划布置有瓦支沟 2 号渣场、瓦支沟混凝土骨料加工系统、瓦支沟反滤料和心墙掺和料加工系统、瓦支沟混凝土生产系统、13 号公路、15 号公路以及其他通往渣场料场的施工道路等，其中 2 号渣场为两河口水电站最大的堆渣场，渣顶高程 2800.00m，渣场设计容量约 2950 万 m³。

已有地质现象表明，瓦支沟是一条泥石流沟，沟床内残留有泥石流堆积物，2010 年就暴发了一定规模的泥石流，而位于排水洞取水口上游侧的左支沟是距挡水坝最近的小支沟，因两侧山体植被遭受火灾破坏，于 2011 年又单独暴发了一定规模的泥石流。鉴于沟水处理工程采用 20 年一遇洪水防护标准设计，而无论是瓦支沟主沟还是排水洞取水口前左支沟泥石流均具有较大的破坏性与危害性，故需对该沟泥石流的发育特征及其危害性进行调查研究，从而进一步研究瓦支沟泥石流的防护设计工作。

2. 泥石流基本特性

瓦支沟流域面积 119.2km²，主沟长 23.6km，流域在平面上呈狭长"树叶状"，总体流向 NE—SW，平均纵坡降 90.7‰。

瓦支沟为一条沟谷型泥石流沟，以发育于距沟口 3.2km 处的冰碛湖为界可分为两段。第一段为冰碛湖上游段，其上游主沟及两大支沟均具备单独暴发泥石流的基本条件，且历史上曾暴发过不同规模的泥石流，由于冰碛湖具有良好的停淤及蓄洪能力，使得上游泥石流固体物质不会带入下游。

第二段为冰碛湖下游段，沟长 3.2km，主要发生由暴雨或洪水对该段潜在不稳定岸坡冲刷掏蚀形成的浓度相对较低、规模相对有限的稀性泥石流或水石流。该段按泥石流沟谷特征大体上又可划分为 2 个功能区段：上游约 0.8km 长为泥石流的形成区，下游约 2.4km 长为流通兼堆积区，因受挡水坝截断沟谷影响，实际流通兼堆积区段长约 0.5km，其下约 1.9km 基本为干沟。

冰碛湖坝体由冰碛物组成，地貌上冰碛物坝体缓坡平台高 100.00～120.00m，外部形态呈舌形，冰碛物有胶结现象，在湖的右侧已形成了一个较为开阔的出口，出口下游沟床中见基岩出露，冰碛物坝体顺沟方向宽达 400m 左右，总体积约 4000 万 m³。因此，瓦支沟冰碛湖不存在溃坝的工程地质条件。

瓦支沟渣场及沟水处理工程，主要受冰碛湖沟水处理工程挡水坝段（该沟段长约 1.3km）暴发泥石流的影响。

（1）影响范围。瓦支沟沟水处理工程取水口前，发育一条能够单独暴发一定规模泥石流的左岸小冲沟（简称"取水口前左支沟"），该小支沟面积 0.87km²，沟长 1.9km，在平面上呈"长条状"，总体流向 NNW，平均纵坡降 556.8‰，具有形成泥石流的良好条件，且其泥石流无论是在暴发条件、暴发频率、暴发规模上，还是在形成过程、动力学特性及发展趋势上都与瓦支沟主沟有极大的不同，故沟水处理工程实际上受到瓦支沟主沟泥石流与取水口前左支沟泥石流的双重影响。

（2）物源。2010 年汛期瓦支沟第一、二段均暴发过泥石流。第一段为冰碛湖上游左支沟在沟口形成大片堆积，堆积总方量 2 万～3 万 m³，前缘堆积入湖尾。第二段为冰碛湖至瓦支沟沟水处理挡水坝段，在挡水坝库内松散固体物质堆积总量约 2 万 m³，其物质来源于冰碛湖至挡水坝段局部谷底岸坡失稳垮塌；挡水坝至瓦支沟沟口为瓦支沟渣场区域，由于洪水已被瓦支沟排水洞导走，因此未见泥石流发生。

取水口前左支沟在 2010 年与 2011 年汛期均暴发过中小规模泥石流，其中 2010 年汛期泥石流主要为近沟口沟道冲刷掏蚀坡洪积堆积体形成，冲出固体物质量 0.3 万～0.5 万 m³。2011 年汛期泥石流主要为约 3000m 高程以下沟道段的冲刷掏蚀形成，按沟道破坏情况及沟口清挖情况，初步推测 2011 年汛期泥石流冲出沟口的固体物质量为 1.0 万～1.2 万 m³。由于取水口前左支沟上部岸坡遭受火灾植被被破坏，未来具备暴发高频（一年多次至 5 年 1 次）小型（一次堆积总量小于 1 万 m³）泥石流，或暴发低频、极低频中型（一次堆积总量 1 万～10 万 m³）偏小泥石流的基本条件。

（3）泥石流基本特征值。据地质灾害危险性评价，汇合口上游侧主沟（冰碛湖以下段）泥石流易发程度为轻度易发，危险性指数评价结果为危险性中等；取水口前左支沟泥石流易发程度为易发，危险性指数评价结果为危险性中等偏大。

据定量分析计算结果，汇合口（取水口前左支沟与瓦支沟的汇合口）上游侧主沟泥石流的各项特征值见表 3.17。

表 3.17　　　　瓦支沟汇合口上游侧主沟泥石流的基本特征值表

基 本 参 数 取 值	
流域面积 F/km²	12
沟长 L/km	3.2
固体颗粒容重 γ_H/(kN/m³)	27（类比）
巴克诺夫糙率系数 m_c	6.6（取较弱沟槽 5.4～7.0 均值）
沟床平均纵比降 I/‰	152.38（冰碛湖—挡水坝段）
坍方程度系数 A	1.0（取较严重塌方程度均值）
坍方区平均坡度 I_c/‰	740（取 35°～38°均值）
水力半径 R/m	1.6（堆积区 $P=10\%$ 的调查断面）

泥 石 流 特 征 值 计 算

设计频率	$P=20\%$	$P=10\%$	$P=5\%$	$P=3.3\%$	$P=2\%$	$P=1\%$	$P=0.5\%$
流体容重 γ_c	1.3	1.35	1.4	1.4	1.45	1.5	1.55
泥沙修正数 ϕ	0.21	0.26	0.31	0.31	0.36	0.42	0.48
阻力系数 α	1.26	1.30	1.35	1.35	1.40	1.46	1.51
水力半径/m	1.4	1.6	1.8	1.85	2	2.15	2.3
泥石流流速/(m/s)	2.57	2.70	2.82	2.88	2.91	2.94	2.97
设计洪水流量/(m³/s)	45.1	56.5	67.7	74.2	83.2	93.8	106
堵塞系数 D_c	1.5	1.7	1.8	2.0	2.2	2.3	2.5
推测持续时间/min	20	25	30	35	40	50	60
泥石流峰值流量 Q_c/(m³/s)	82.15	120.95	159.36	194.06	248.93	305.63	391.74
泥石流水体峰值流量 Q_w/(m³/s)	67.65	96.05	121.86	148.40	183.04	215.74	265.00
泥石流总量 Q/万 m³	2.60	4.79	7.57	10.76	15.77	24.20	37.23
泥石流固体物质总量 Q_H/万 m³	0.46	0.98	1.78	2.54	4.17	7.12	12.05
泥石流类型	稀性泥石流						

取水口前左支沟泥石流各项特征值见表 3.18。

表 3.18　　　　　瓦支沟取水口前左支沟泥石流基本特征值表

基 本 参 数	取 值
流域面积 F/km²	0.87
沟长 L/km	1.9
河道平均坡度 J	0.5568
流域特征系数 θ	2.39
汇流参数 m	0.38
产流参数 μ	6.161
黏性泥石流沟床糙率 n_c	0.077（中高阻型）
沟床平均纵比降 I_c/‰	580（取均值30°）

泥 石 流 特 征 值 计 算

设计频率	$P=10\%$	$P=5\%$	$P=3.3\%$	$P=2\%$	$P=1\%$	$P=0.5\%$
流体容重 γ_c	1.6	1.8	1.85	1.9	2.0	2.1
泥沙修正数 ϕ	0.55	0.89	1.00	1.13	1.43	1.91
阻力系数 α	1.57	1.84	1.92	2.01	2.20	2.48

续表

泥 石 流 特 征 值 计 算						
设计频率	$P=10\%$	$P=5\%$	$P=3.3\%$	$P=2\%$	$P=1\%$	$P=0.5\%$
水力半径/m	0.4	0.55	0.62	0.68	0.8	0.9
设计流速/(m/s)	5.37	6.65	7.20	7.66	8.53	9.23
设计洪水流量/(m³/s)	2.31	3.06	3.62	4.05	4.77	5.46
堵塞系数 D_c	1.5	1.8	2.0	2.0	2.3	2.5
推测持续时间/min	40	60	45	80	100	120
泥石流峰值流量 Q_c/(m³/s)	5.36	10.40	14.46	17.20	26.64	39.68
泥石流水体峰值流量 Q_w/(m³/s)	3.47	5.51	7.23	8.09	10.97	14.00
泥石流总量 Q/万 m³	0.34	0.99	1.6	2.18	4.22	7.54
泥石流固体物质总量 Q_H/万 m³	0.12	0.46	0.8	1.15	2.48	4.95
泥石流类型	黏性泥石流					

（4）瓦支沟泥石流的危害性。主要表现在对已建沟水处理工程的直接影响和对渣场的间接影响两个方面。对已建沟水处理工程的影响主要是：汇合口上游侧主沟单独发生 $P \geqslant 5\%$ 的泥石流并携带一些树木被带入排水洞的情况下，或其单独发生 $P \leqslant 2\%$ 的泥石流的情况下，均极有可能导致排水洞堵塞，进而引起沟水翻坝甚至导致挡水坝溃决。取水口前左支沟单独暴发的泥石流易直接冲毁沟水处理工程进口引渠段，造成汇合口处主沟沟床的堆积、抬高、甚或局部壅堵并迫使主沟偏移、改道，其高频暴发的多次泥石流若无适当的防治措施或未进行及时清理，极易造成排水洞的先淤塞后壅堵，从而影响到沟水处理工程的正常运营；取水口前左支沟任何频率的单次泥石流，在叠加主沟 $P \geqslant 5\%$ 的泥石流并携带一些随岸坡垮塌的树木被带入排水洞的情况下，与叠加主沟 $P \leqslant 2\%$ 的泥石流在任何状况下，均极大可能导致排水洞出现严重淤塞甚至完全堵塞，进而导致沟水翻坝甚至引发挡水坝溃决。

对拟建渣场的影响主要是：排水洞一旦发生严重堵塞，沟水极有可能翻坝从而对渣场产生冲刷掏蚀和对渣场排导设施产生淤埋。

（5）威胁对象。瓦支沟泥石流的直接威胁对象是沟水处理工程，其运行期为水库蓄水之前（约还有 7 年），水库蓄水之后沟水处理工程与第二段主要形成区将被淹没。鉴于取水口前左支沟，由于上部岸坡遭受火灾植被被破坏及近沟口段沟道冲刷掏蚀严重，具备暴发高频小型泥石流的基本条件，并存在暴发中型偏小泥石流的可能，在主沟泥石流的叠加作用下，对沟水处理工程正常运营造成较大的安全隐患。

3. 设计方案

（1）防洪标准。根据《防洪标准》（GB 50201—2014）及《水电枢纽工程等级划分及设计安全标准》（DL 5180—2003），两河口水电站为Ⅰ等大（1）型工程。永久性主要建筑物按 1 级建筑物设计，次要建筑物按 3 级建筑物设计，临时水工建筑物按 4 级设计。瓦支沟沟水处理及泥石流防治工程为水电站附属工程，属临时引（排）水工程，工程级别为4 级。相应的设计洪水标准为 10～20 年一遇。

瓦支沟沟水处理工程即原挡水坝和排水洞经施工招标并已完建，挡水坝采用土石坝，相应设计洪水标准为 20 年一遇。

《水电工程施工组织设计规范》（DL/T 5397—2007）规定：工程施工期临时堆存有用料的存渣场，根据渣场的位置、规模及渣料回采要求等因素，其防洪标准在 5～20 年重现期内选用。库区死水位以下的渣场，根据渣场规模、河道地形与水位变化以及失事后果等因素，其防洪标准在 5～20 年重现期内选用。若蓄水前渣场使用时间较长，经论证亦可提高渣场防洪标准。

根据《水电建设项目水土保持方案技术规范》（DL/T 5419—2009）规定：水库蓄水后，全部设置在水库淹没范围内的永久弃渣场，防洪标准不超过 20 年一遇。瓦支沟 2 号渣场为临时渣场，且水库蓄水后，全部设置在水库淹没范围内，防洪标准可采用 20 年重现期。

根据《防洪标准》（GB 50201—2014），工矿企业的尾矿坝或尾矿库，应根据库容或坝高的规模分为 5 个等级，对应工程为 V 等，防洪设计标准为重现期 20～30 年。瓦支沟挡水坝类似尾矿库，且对应 V 等，防洪标准可采用 20 年重现期。

综合分析以上防护对象及相关规程规范，并参照二滩、溪洛渡、瀑布沟、锦屏一级水电站等工程的沟水处理工程，工程在前一阶段采用的设计洪水标准为 20 年一遇，相应洪水流量为 $67.7 \mathrm{m}^3/\mathrm{s}$，且工程处理措施已经实施完成。

但根据《两河口水土保持方案报告书》的专家讨论意见，认为瓦支沟 2 号渣场从投入使用至被水库蓄水淹没，使用年限约 8 年，使用期较长；且瓦支沟 2 号渣场规划堆渣总量约 2950 万 m^3，属特大型渣场，渣场失事对主体工程施工和运行有重大影响。因此，考虑到瓦支沟渣场的具体情况，其防洪标准应适当提高，建议选取 50 年一遇洪水设计标准。

根据瓦支沟洪水资料分析，20 年一遇洪水流量为 $67.7 \mathrm{m}^3/\mathrm{s}$，50 年一遇洪水流量为 $83.2 \mathrm{m}^3/\mathrm{s}$，50 年一遇泥石流水体峰值流量为 $191.13 \mathrm{m}^3/\mathrm{s}$。根据各洪水资料以及工程特性分析，该工程是由同一挡水、泄水建筑物宣泄设计洪水与设计标准下泥石流，泥石流防治标准不低于洪水标准，泥石流防治工程控制沟水处理工程规模大小。提高渣场防洪设计标准后，不影响工程规模的变化。

综上所述分析，瓦支沟沟水处理采用的设计洪水标准为 50 年一遇，相应洪水流量为 $83.2 \mathrm{m}^3/\mathrm{s}$。

（2）泥石流防治设计标准。据地质灾害危险性评价，瓦支沟第二段即冰碛湖至沟水处理挡水坝间泥石流易发程度为轻度易发，危险性指数评价为危险性中等。取水口前左支沟泥石流易发程度属于易发，按危险性指数评价为危险性中等偏大。该泥石流的危害性主要表现在对已建沟水处理工程的直接影响和对渣场的间接影响两个方面。

参考《城市防洪工程设计规范》（GB/T 50805—2012），瓦支沟内及沟口影响区无人员居住，工程区内在瓦支沟 2 号渣场形成的 2 年内渣料运输、管理施工人员及设备作业等人员约 10 人；在 2 号渣场形成后在渣顶平台的混凝土系统运行期间，施工操作人员约有 320 人，人数均满足四级城市标准（即不大于 20 万），泥石流防治标准可采用 20 年重现期。防洪标准见表 3.19。

表 3.19　　　　　　　　　　　　　防　洪　标　准

城市等别	防洪标准（重现期/年）		
	河（江）洪、海潮	山洪	泥石流
一（人口≥150 万）	>200	100～50	>100
二（人口 150 万～50 万）	200～100	50～20	100～50
三（人口 50 万～20 万）	100～50	20～10	50～20
四（人口≤20 万）	50～20	10～5	20

经分析本工程泥石流防治投资大于 1000 万，工程一旦失事工程区直接经济损失大于 1000 万。参照地矿行业标准《泥石流灾害防治工程设计规范》（DZ/T 0239—2004），泥石流灾害防治工程安全等级从受灾对象、人员伤亡等可在四级内，但从直接经济损失和防治工程投资方面安全等级则为一级。综合考虑后，该工程泥石流防治工程安全等级可取三级，同时考虑近两年频发泥石流的影响，防治工程安全等级采用三级。泥石流灾害防治主体工程设计标准见表 3.20。

表 3.20　　　　　　　　　　泥石流灾害防治主体工程设计标准

防治工程安全等级	降雨强度（重现期/年）	拦挡坝抗滑安全系数		拦挡坝抗倾覆安全系数	
		基本荷载组合	特殊荷载组合	基本荷载组合	特殊荷载组合
一级	100 年	1.25	1.08	1.60	1.15
二级	50 年	1.20	1.07	1.50	1.14
三级	30 年	1.15	1.06	1.40	1.12
四级	10 年	1.10	1.05	1.30	1.10

经上述分析，该泥石流灾害防治工程安全等级取三级；对应降雨强度取 30 年一遇。泥石流灾害防治主体工程设计标准取安全等级三级对应的建筑物安全系数，见表 3.20。

综合上述分析，参考相关行业标准以及《两河口水土保持方案报告书》专家讨论意见，为了保证工程更安全的运行，最终确定泥石流灾害防治工程安全等级取二级；对应降雨强度取 50 年一遇。泥石流灾害防治主体工程设计标准取安全等级二级对应的建筑物安全系数。

结合瓦支沟泥石流调查研究报告，50 年重现期下该工程泥石流特征值由瓦支沟汇合口（取水口前左支沟与瓦支沟的汇合口）上游侧主沟泥石流和瓦支沟取水口前左支沟泥石流特征值叠加组成。50 年重现期泥石流特征值见表 3.21。

表 3.21　　　　　　　　　　50 年重现期下的泥石流特征值表

位　置	泥石流峰值流量 /(m³/s)	水体峰值流量 /(m³/s)	泥石流总量 /万 m³	固体物质总量 /万 m³	备注
取水口前左支沟	17.20	8.09	2.18	1.15	黏性泥石流
瓦支沟汇合口上游侧	248.93	183.04	15.77	4.17	稀性泥石流
合计	266.13	191.13	17.95	5.32	

注　地质调查资料显示排水洞进口上游不稳定及潜在不稳定固体物源总方量为 92.5 万 m³。

（3）设计方案。

1）总体设计思路。泥石流防治一般遵循以防为主、以避为宜，以治为辅，防、避、治相结合的原则。

首先，在瓦支沟工程区范围内的渣场布置规划、道路布置及其临建施工设施布置等设计过程中考虑泥石流的影响，进行适当调整。

其次，针对泥石流采取相应的工程治理措施。工程措施采用充分发挥泥石流排、拦、固等综合防治技术作用的有效联合，因势利导，就地论治，因害设防。

最后，建立健全瓦支沟流域泥石流预警预报体系。

2）洪水防护设计思路。瓦支沟常年有水，洪水可以通过现有沟水处理排水洞进行排导。挡水坝布置在弃渣场上游侧，可避免沟水对渣场与沟道沿线不稳定物源的冲刷，保证渣场施工设施安全。

根据瓦支沟泥石流调查成果、沟内渣场的布置要求、工程布置及规模投资等，该工程不适合直接采用排导泥石流的方案。

故结合沟内的泥石流特点及地形条件，采取在主沟上设库停淤、排水洞泄流、拦挡减势的思路。具体思路如下：

a. 把原瓦支沟沟水处理工程挡水坝加高成库，在挡水坝前形成挡水停淤库容。

b. 对冲入库内的泥石流固体物，由排水洞进口设置的进水塔拦渣排水，防止进入洞内。

c. 为了保证进水塔淤堵时排水洞仍能宣泄沟道洪水，保证渣场施工设施的安全，在进水塔顶部设置开敞式溢流口。

d. 在瓦支沟上采用"多级拦挡、减小纵向沟谷坡降"的原则进行泥石流处理，修建拦挡坝拦渣并减缓沟道坡降，减缓泥石流的冲击力，削弱泥石流峰值，同时还具有固床作用。

（4）防治工程设计方案。该工程防护方案由土石挡水坝、进水塔及 2 座钢筋石笼拦挡坝组成，对现有土石挡水坝和排水洞进行改造利用。

1）钢筋石笼拦挡坝。根据《泥石流灾害防治工程设计规范》（DZ/T 0239—2004）中"为保证下游安全，在同一河段内建造的拦挡坝不应少于 3 座"。因原瓦支沟沟水处理工程的土石挡水坝具有拦挡坝作用，因此考虑在冰碛湖下游至土石挡水坝之间适当位置再修建 2 座拦挡坝。在土石挡水坝上游修建混凝土拦挡坝的主要目的是泥石流来流时拦挡大块石、降低沟床纵坡、减缓泥石流流速、减小泥石流的冲击力、固床并拦挡少量的泥石流固体物质。

两座拦挡坝分别设置在土石挡水坝轴线上游约 190m 和 480m 处。拦挡坝高度根据坝址地质地形条件、拦蓄库容（以工程经验泥石流回淤按瓦支沟沟内平均纵坡的 50%，即 4.5% 作为回淤纵坡，该库容可将上游主沟设计标准情况下泥石流固体物质总量拦蓄库内）以及工程投资等因素综合考虑选用；考虑到瓦支沟泥石流特性，为了减少坝前的水压力，调节输送泥沙的功能，并延长拦挡坝的使用年限，减少运行中的排水难度，用钢筋石笼错位码放形成具有整体透水的拦挡坝；为了拦挡沟内枯木等致堵物质流向下游进水塔，在坝身溢流口上设置了一道钢筋拦污栅。

2）进水塔。考虑到瓦支沟2号渣场的形成与施工期利用其作为施工场地的时间较长，且泥石流具有不确定性及复杂性，一旦发生超标泥石流，沟内泥石流将可能进洞引起排水洞堵塞破坏，最终导致下游不可预估的破坏。因此，为了提高瓦支沟泥石流防治工程的整体功能，在原排水洞进口设置一进水塔，设置目的是挡蓄超标泥石流固体物质，并宣泄洪水。

进水塔为整体框架结构，塔顶高程是根据该高程以下库容能拦蓄沟内进水口上游不稳定及潜在不稳定固体物源总方量（约92.5万 m^3）而确定。以工程经验泥石流回淤按瓦支沟沟内平均纵坡的50%，即4.5%作为回淤纵坡计算，进水塔高程需设置到2751.00m，其对应的库容约为100万 m^3。为了便于洪水通过、减少进水塔周边的水压力以及便于后期库内清淤排水，在塔身迎水面不同高程设置有4排排水孔；塔顶2745.00m及以上高程设置溢流口，以备塔身排水孔被淤积堵塞后洪水仍可从2745.00m高程的溢流口过流至排水洞下泄。

3）土石挡水坝。现有挡水坝坝顶高程为2739.00m。经分析计算，瓦支沟发生50年一遇泥石流，其产生的泥石流水体峰值流量为191.13m^3/s（瓦支沟汇合口上游侧水体峰值流量持续时间约40min，取水口前左支沟水体峰值流量持续时间约80min），此时工程泄流由原排水洞控制，为有压流，其对应的上游水位为2758.83m。因此，现有挡水坝高程不能满足挡水要求，需加高挡水坝。

综合考虑设计标准下泄流条件的上游水位、浪高、波浪爬高、安全加高、土石挡水坝后将由弃渣填至2800.00m高程以及最大峰值流量持续时间不长等因素后，在距离现有挡水坝轴线下游加高挡水坝，挡水坝坝顶高程为2760.00m。

4）瓦支沟泥石流防治工程完工后的整体形象面貌如图3.15所示。

图3.15　瓦支沟泥石流防治工程完工后的整体形象面貌

4. 建筑物设计

（1）钢筋石笼拦挡坝。

1）拦挡坝布置。1号拦挡坝坝址处中心轴线最低处高程2731.00m，1号拦挡坝是工程布置区第二道拦挡坝，距土石挡水坝轴线约190m处；2号拦挡坝坝址处中心轴线最低处高程2746.86m，2号拦挡坝位于1号拦挡坝上游290m处，距离土石挡水坝轴线约480m。拦挡坝位置见相关图纸。

2）坝型。拦挡坝是瓦支沟防治工程的主要建筑物，其坝型应满足防治泥石流的要求，拦挡坝应不被泥石流冲毁，同时满足泄流、抗冲刷的要求。针对瓦支沟泥石流防治的具体情况，考虑投资因素，选择钢筋石笼错位码放形成具有整体透水功能的拦挡坝。

3）坝顶高程。拦挡坝的主要功能是拦蓄泥石流，坝的有效高度越大，其库容相应增大，拦蓄泥石流、稳固坡脚的效果越明显。但综合考虑坝体稳定及工程投资等因素，结合该沟地形地质条件，确定1号拦挡坝溢流坝段的有效高度为6.2m，坝顶高程为2737.20m；2号拦挡坝溢流坝段的有效高度为10.0m，坝顶高程为2757.60m。

4）拦挡坝溢流口。拦挡坝拦挡部分泥石流，当拦挡坝库内淤积满后，泥石流通过溢流口翻过坝体排向下游。溢流口布设尽量与沟道在位置上保持一致，并设置在坝体中部，溢流口内设置一道钢筋拦污栅，以拦挡沟内枯木等致堵物质、泥石流不漫坝、不淘刷坝端、有利于坝下冲刷处理，顺利通过设计标准的泥石流流量为原则。

溢流口设计采用堰流公式：

$$Q_c = mBH^{3/2} \qquad (3.12)$$

式中：Q_c为溢流道能通过的泥石流流量，m³/s；B为溢流道的底宽，m；H为溢流道过流深度，m；m为流量系数，通常取1.45～1.55，溢流道表面光滑者取较大值，表面粗糙者用较小值，一般取$m=1.5$。

溢流口设计成开敞式断面，根据实际地形条件，1号拦挡坝溢流口宽度为30.0m、深均为2.0m；2号拦挡坝溢流口宽度为25.0m、深均为2.0m。

5）结构尺寸。1号挡渣坝布置在原挡渣坝轴线上游7.2m，部分与原挡渣坝结合。挡渣坝由钢筋石笼堆筑而成，钢筋石笼之间用钢丝绳进行连接，溢流口坝顶高程2737.20m，轴线长51.15m，顶宽4.0m，坝顶浇筑25cm厚灌注混凝土，溢流口两侧码放两层钢筋石笼（石笼之间用钢丝绳连接）至2739.20m高程并浇筑25cm厚灌注混凝土，上、下游边坡均为1:1，下游面钢筋石笼表面浇筑25cm厚灌注混凝土。挡渣坝基础先用石渣填筑至2732.10m高程后再进行钢筋石笼码放。

2号挡渣坝布置在1号挡渣坝轴线上游约290m处。挡渣坝由钢筋石笼和块石堆筑而成，钢筋石笼之间用钢丝绳进行连接，溢流口坝顶高程2757.60m，轴线长44.14m，顶宽6.0m，坝顶浇筑25cm厚灌注混凝土，溢流口两侧码放两层钢筋石笼（石笼之间用钢丝绳连接）至2759.60m高程并浇筑25cm厚灌注混凝土，上、下游边坡均为1:1，下游面钢筋石笼表面浇筑25cm厚灌注混凝土。拦挡坝下游面坡脚处码放3层长19m钢筋石笼护坝。

6）1号、2号钢筋石笼拦挡坝完工后的形象面貌如图3.16和图3.17所示。

（2）进水塔。

1）布置原则。排水洞进口布置进水塔，将上游主沟及左支沟的泥石流固体物质拦蓄

图 3.16　2 号钢筋石笼拦挡坝

图 3.17　1 号钢筋石笼拦挡坝

至库内，洪水可从低高程排水孔通过排水洞下泄至庆大河，淤积堵塞排水孔后洪水可从 2745.00m 高程的溢流口过流至排水洞下泄。

塔身正面布置四层排水孔，孔口尺寸为 0.5m×2.5m（宽×高），塔身 2745.00m 高程及塔顶布置溢流孔口。排水孔既可以宣泄小流量的洪水，又可以平衡进水塔的内外水压，当遭遇泥石流堵塞排水孔时，进水塔身及塔顶溢流孔口则可以过流洪水。利用溢流孔口高程以下塔身与挡水坝形成库容拦挡超标泥石流固体物质，洪水则从进水塔溢流孔口经过排水洞排泄。

2）相关计算。进水塔溢流孔口按过流 50 年重现期泥石流时水体峰值流量（191.13m³/s）设计。

由于设计流量下，进水塔泄流由塔后原排水洞控制，且为有压流，故溢流孔口的泄流结合原排水洞按有压流计算，同时考虑原排水洞出口下游庆大河同时发生 50 年重现期洪水的不利因素，以及排水洞出口为淹没出流。其计算公式为

$$Q = \mu A_d \sqrt{2g(H_0 - h_s)} \qquad (3.13)$$

$$\mu = \frac{1}{\sqrt{1 + \sum \xi_i \left(\dfrac{A_d}{A_i}\right)^2 + \sum \dfrac{2g l_i}{C_i^2 R_i}\left(\dfrac{A_d}{A_i}\right)^2}} \qquad (3.14)$$

式中：Q 为溢流道能通过的洪水流量，m³/s；μ 为流量系数；A_d 为隧洞出口计算断面面积，m²；H_0 为出口底板高程至上游水位并计入行近流速水头的总水头，m；h_s 为淹没出流时，出口断面底板起算的下游水深，m；l_i、A_i 为管道的分段长度和断面面积；C_i、R_i 为分段的谢才系数和水力半径；ξ_i 为沿程局部损失系数。

通过计算，设计流量下上游最高水位为 2758.83m。

3）结构设计。进水塔基础高程 2725.00m，塔顶高程 2751.00m，进水口塔体尺寸为 7.9m×8.0m×26.0m（长×宽×高）。进水塔为整体框架结构，四面板厚均为 1.5m。塔身迎水面高程 2730.50m、2734.00m、2737.50m 和 2741.00m 处分别设置 0.5m×2.5m（宽×高）的排水孔，共计 16 个排水孔。进水塔迎水面 2745.00m 高程设置开敞式溢流口，溢流口尺寸为 6.0m×5.0m（高×宽）。进水塔基础坐落在基岩上，且对基础进

行固结灌浆，间排距 2.0m、深度 8.0m，且内设锚杆束（3C32、$L=9.0$m）间排距为 2.0m，底板厚度不小于 2.5m，与塔身形成整体。

4）稳定计算。进水塔建筑物级别为 4 级临时性建筑物，结构安全级别为Ⅲ级。计算内容为进水塔在设计工况下的整体抗滑、抗浮及抗倾覆稳定，并计算进水塔地基承载力。

计算参照《水电站进水口设计规范》（DL/T 5398—2007），计算荷载及组合见表 3.22 和表 3.23，计算成果表见表 3.24。

表 3.22　　　　　　　　　　　进水塔整体稳定计算荷载表

项次	荷载	分项系数	项次	荷载	分项系数
①	塔身混凝土自重	1.0	③	土压力	1.2
②	静水压力	1.0	④	塔底扬压力	1.0

表 3.23　　　　　　　　　　　进水塔整体稳定计算荷载组合表

序号	设计状况	荷载组合	备注
1	完建工况	①	
2	正常运行工况	①＋②＋④	
3	非常运行工况	①＋②＋③＋④	

表 3.24　　　　　　　　　　　进水塔稳定计算成果表

序号	工况	抗滑稳定计算抗剪断 K_c	抗倾覆稳定计算 K_0	抗浮计算 K_f	基底应力/kPa σ_1	基底应力/kPa σ_2	备注
1	完建	—	—	—	403	390	
2	正常运行	—	1.35	1.47	175	167	包括扬压力
					490	482	不包括扬压力
3	非常运行	5.69	1.59	1.48	−99	441	包括扬压力
					216	756	不包括扬压力

注　根据两河口可行性研究阶段《工程地质报告》可知Ⅳ类围岩湿抗压强度最小值为 20～40MPa。

由表 3.24 可见，进水塔在三种设计工况下整体抗滑、抗浮和抗倾覆稳定均满足规范要求，建基面应力满足基础岩体允许承载力，其中非常运行工况下基底应力出现迎水面拉应力，但拉应力小于 0.15MPa，拉应力较小。

5）进水塔完工后的形象面貌如图 3.18 所示。

（3）土石挡水坝。

1）结构设计。挡水坝布置在原挡水坝轴线下游 60.5m 处，为斜墙土石坝，采用坡

图 3.18　进水塔完工后的形象面貌

面复合土工膜与原碎石土斜墙挡水坝结合的防渗形式。坝顶高程 2760.00m，坝顶宽 12.0m，坝顶轴线长约 132.84m，最大坝高约 40m。上游边坡为 1:2.5，下游边坡为 1:2.0。原挡水坝上加厚碎石土填筑，厚 5.0m。为防止河床覆盖层渗透破坏，在原挡水坝下游面和河床上铺设土工布进行反滤保护，土工布从原挡水坝坝顶铺至下游约 140m 处的河床上。挡水坝迎水面考虑水位升降及波浪冲蚀影响，采用 1.0m 厚的干砌块石护坡，坡面复合土工膜下设 30cm 厚的碎石垫层，上喷 10cm 厚混凝土。两岸坝肩进行简单清理，坝轴线上游左、右岸岸坡分别喷 10cm 厚混凝土至 2760.00m 高程。

2）挡水坝渗透稳定计算。

a. 渗流计算。挡水坝渗流计算的目的主要是判断河床基础及坝体是否会出现渗透破坏。计算参数见表 3.25，其中坝体计算参数采用工程类比法，坝基计算参数采用本工程地质参数。计算结果见表 3.26。

表 3.25　　　　　　　　　　　　挡水坝稳定计算参数表

序号	材料名称	线性强度		渗透系数 /(cm/s)	容重 /(kN/m³)	饱和容重 /(kN/m³)
		$\phi/(°)$	C/kPa			
1	反滤料	32	0	$1×10^{-3}$	23	24.5
2	过渡料	34	0	$3×10^{-2}$	21.5	23.5
3	坝体石渣料	38	0	$5×10^{-2}$	20	22
4	漂卵砾石层	27	0	$1×10^{-1}$	19	20
5	Ⅳ类岩体	31	400	$1×10^{-4}$	27	27.5
6	Ⅲ类岩体	40	800	$1×10^{-5}$	27	27.5
7	土工膜复合体	33	0	$5×10^{-7}$	18	19
8	黏土铺盖	20	60	$1×10^{-5}$	18	19
9	回填石渣料	30	0	$1×10^{-1}$	19	20

表 3.26　　　　　　　　渗流稳定计算成果表

防渗体出逸比降	河床漂卵砾石层最大渗透比降	河床漂卵砾石层允许渗透比降
0.25（垫层料 [J]=10）	0.12	0.10~0.12

计算表明，防渗体出逸比降及河床漂卵砾石层最大渗透比降均小于其各自允许的渗透比降，坝体及坝基均不会出现渗透破坏。

b. 稳定计算。坝坡稳定计算采用简化毕肖普法，计算将渗流计算所得浸润线导入稳定计算模块进行坝坡稳定分析，计算模型为最大坝体横剖面平面模型。

计算工况包括：正常运行期工况（坝后有渣、坝后无渣）、水位降落期工况（坝后有渣、坝后无渣）及竣工工况。坝坡抗滑稳定允许的安全系数参照《碾压式土石坝设计规范》（DL/T 5395—2007）4 级土石坝抗滑稳定最小安全系数。

挡水坝坝坡稳定计算成果见表 3.27。经计算表明，各工况下最危险滑面安全系数计算值均大于其允许安全系数值，坝坡不会出现整体滑动破坏。

表 3.27   挡水坝坝坡稳定计算成果表

运行条件	计算工况		计算安全系数	允许安全系数
	编号	工况说明		
正常	1	稳定渗流期上游坝坡（上游设计水位）	3.61	[1.25]
	2	稳定渗流期下游坝坡（上游设计水位）	1.27	
	3	稳定渗流期上游坝坡（上游设计水位、后部堆渣）	3.55	
非常 I	4	竣工期上游坝坡（上游施工水位）	2.20	[1.15]
	5	竣工期下游坝坡（上游施工水位）	1.27	
	6	水位骤降期上游坝坡	2.20	
	7	水位骤降期上游坝坡（后部堆渣）	2.21	

c. 土石挡水坝完工后的面貌如图 3.19 所示。

3.3.2.3 多孔坝技术应用实例

锦屏一级水电站印把子沟采用了多孔坝技术进行泥石流防治，以下对该技术应用工程实例作详细介绍。

1. 概述

印把子沟为雅砻江左岸一级支沟，位于锦屏一级水电站坝址下游约 6km，流域面积约 25.2km²，主沟长约 9.5km，印把子沟支

图 3.19 土石挡水坝完工后的面貌

沟较发育，沟源区最高海拔约 3800.00m，而沟口高程（雅砻江河水面）1635.00m，相对高差近 2200m，平均纵坡降 227.89‰。印把子沟内出露地层主要为三叠系中上统杂谷脑组变质岩，另外在该沟流域内第四系松散堆积较丰富。除泥石流堆积主要分布在流域中下部外，坡残积、崩坡积在流域内分布较为普遍。沟域内谷坡植被覆盖良好，总体覆盖率在 60% 以上。印把子沟主沟常年流水，枯期水量不大，汛期水量随降雨变化大，部分支沟为季节性冲沟。

2. 泥石流基本特征

（1）沟谷分区特征。印把子沟按泥石流沟谷特征可将该沟初步分成汇水物源区、流通区和堆积区三个区。

右岸 2 号支沟以上部分为汇水物源区，该段支沟较为发育，地形陡峻，沟道较狭窄，沟谷多呈 V 形，植被覆盖较好，该段主沟道长约 6.5km，平均纵坡降 270‰，沟道纵坡降较大，跌水坎较为常见，该区一方面汇集了丰富的水源，另一方面提供了大量的松散物源。

流通区位于沟谷中下游段，两岸地形陡峻，沟道较狭窄，沟谷多呈 V 形，植被覆盖较好，该段主沟道长约 1km，沟道纵坡降较大，沟段内崩坡积堆积、冲洪积堆积等松散堆积物分布较为广泛，该区段除流通功能外，沿途提供了大量的松散物源。

近沟口约 1.5km 段为堆积区，沟口段堆渣、沟水处理等工程活动改变了印把子沟的泥石流运移规律，沟口段堆渣挤占了泥石流堆积范围，客观上起到了拦渣坝的作用，在堆渣区以上形成了新的堆积功能分区。

（2）物源分布特征。总体上看，沟域内岸坡较为完整，未发现大规模的滑坡、变形体等不良地质现象发育。通过对沟内成规模的松散堆积体的调查统计，沟内成规模松散堆积物总量约 276 万 m³。这些松散堆积体多位于谷底两侧岸坡（见图 3.20），临沟床侧易被暴雨洪水冲刷淘蚀的部分成为泥石流物源，经统计沟域内成规模的不稳定及潜在不稳定松散堆积物失稳总方量约 24.3 万 m³。

（a）沟道左岸滑坡体　　　　　（b）沟底泥石流物源

图 3.20　松散物源照片

（3）堆积特征。近沟口段约 1.5km 为泥石流堆积区，至沟口总体上呈逐渐变宽的长条形，沟道宽度一般为 20～50m，该段沟道总体上较缓，平均纵坡降约 176‰，沟谷以宽 V 形为主，加之沟口堆渣场的拦挡作用，对泥石流有明显的停滞淤积功能。沟床覆盖层堆积推测厚度大于 10m，为冲洪积堆积、泥石流堆积、人工堆积的混合相堆积，如图 3.21 所示。

（4）泥石流形成条件及易发程度。印把子沟具有形成泥石流的基本条件。在地形条件上，沟内地势较为陡峻，沟谷切割相对较深，在现有地形条件下坡面水流容易迅速下泄汇集于沟道，为启动泥沙提供了良好的动力条件。在松散固体物质条件上，一是沟内谷坡及沟床第四系松散堆积物有一定程度分布；二是沟谷深切，谷坡陡峻，坡表三叠系中上统杂谷脑组变质岩岩体风化、卸荷强烈，部分浅表岩体受节理裂隙切割易形成潜在不稳定块体，为泥石流的暴发提供物源。在水源条件上，印把子沟所处区域泥石流的动力条件是降雨，特别是大雨、暴雨。按照《根据县（市）地质灾害调查与区划基本要求》的泥石流严重程度数量化表，印把子沟诸因素综合评分值为 75，按泥石流沟易发程度综合评判标准，属于轻度易发。

（5）泥石流运动特征和动力特性。基于印把子沟流域特性和可补充松散固体物质分布特征，其暴发的泥石流多呈稀性或极低频泥石流呈过渡偏黏性，其运动特征见表 3.28 和

（a）沟内泥石流堆积远景图　　　　　　　（b）格栅坝泥石流堆积图

图 3.21　排水洞进口上游堆积区

表 3.29。

表 3.28　　　　　　　　　印把子沟泥石流的运动特征

设 计 概 率	$P=10\%$	$P=5\%$	$P=3.3\%$	$P=2\%$	$P=1\%$
设计流速/(m/s)	5.03	5.01	5.10	5.15	5.25
泥石流流量/(m³/s)	103.24	151.13	185.29	221.74	273.94
推测持续时间/min	15	20	20	25	30
泥石流峰值流量 Q_c/(m³/s)	103.24	151.13	185.29	221.74	273.94
泥石流总量 Q/万 m³	2.45	4.79	7.34	8.78	13.02
泥石流固体物质总量 Q_s/万 m³	0.41	1.28	2.17	2.87	4.68

表 3.29　　　　　　　　　印把子沟设计概率下的泥石流冲击力预测

计算位置	设计概率/%	10	5	3.3	2	1
沟内约 1950.00m 高程处	整体冲击力/(tf/m²)	4.88	5.49	5.86	6.19	6.65
	单块最大冲击力/tf	42.92	42.82	43.55	43.99	44.79
沟内 1900.00m 高程处	整体冲击力/(tf/m²)	4.88	5.49	5.86	6.19	6.65
	单块最大冲击力/tf	24.78	24.72	25.14	25.40	25.86

3. 沟水及泥石流设计复核

2002 年进行了锦屏二级水电站库区落水洞沟和印把子沟泥石流调查研究，同年完成《锦屏二级水电站落水洞沟（即木落脚沟）、印把子沟泥石流调查报告》，成果显示印把子沟沟谷不具备形成泥石流的地形条件，植被发育正常及树茎完好，近百年以来无泥石流活动迹象，印把子沟没有泥石流发育的必备条件。

印把子沟沟水处理工程于 2003 年开工，在当时的地质调查资料的情况下，沟水处理工程的主要任务为排导沟水，确保印把子沟渣场的安全。建筑物由浆砌石挡水坝、钢筋石笼拦渣坝、排水隧洞及消能竖井等组成。沟水处理工程采用 20 年一遇洪水标准设计，相应流量 81.8m³/s；200 年一遇洪水校核，相应流量 123m³/s。原沟水处理方案未专门采取泥石流防治措施，仅在排水洞进口上游沟道设置了几道简易钢筋石笼和浆砌石拦挡坝，拦截推移质和树枝等杂物。

"8·30"地质灾害发生后对印把子沟设计洪水进行复核，20年一遇设计洪水流量为85.2m³/s，200年一遇设计洪水流量为131m³/s，与原设计洪水流量相比略有增加。经复核，排水洞的过流能力仍满足过流要求。

原简易拦挡坝不能满足拦挡泥石流的要求，因此需根据2013年3月泥石流调查情况，进行泥石流防治设计。泥石流防治工程等级为一级，对应暴雨强度为100年一遇，其流量为117m³/s。一次冲出固体物质总量按4.68万m³。

4. 地质灾害治理方案

泥石流防治一般遵循以防为主，以避为宜，以治为辅，防、避、治相结合的原则。根据此原则，印把子沟泥石流防治方案总体思路如下：

印把子沟总长约9.6km，其中在渣场坡脚之前有8km长，沟道两岸有13处崩坡积、坡残积、沟床冲洪积等堆积体。普遍高出沟床几十米，最高达300m。存在局部欠稳定或浅表不稳定，防护范围广、高差大，施工难度大。印把子沟渣场堆渣约2600万m³，已无法避让，渣场最大高程约1980.00m，左侧高，右侧低，右侧渣体垭口高程约1936.00m高程。比排水洞进口高约40m，形成倒坡，不具备排导条件。考虑到印把子沟道坡降相对较缓，已有3道简易拦挡坝，可进行适当加固，并根据新出现的边坡滑塌情况，沿沟增设拦挡坝，进行拦挡、逐级固防，减缓沟道坡度，同时再增设排水洞高位进水口。

因永久治理方案实施周期较长，在永久治理方案实施前，为满足度汛要求采取了应急治理措施。

（1）应急治理措施。

1）淤渣清理。将沟内及两岸淤积的渣料清理，特别是树枝树根等，原拦挡坝前预留出适当库容，开挖深度约3m。对原拦挡坝损坏部位进行修复。将排水洞进口下游弃渣清理至1895.00m高程，从渣场坡脚至通气洞下游20m后再按1:1.8坡度起坡。

2）进口前增设梳齿坝。为防止树枝等杂物冲进排水洞内，堵塞排水洞，在排水洞进口引渠末端高程1889.00m处修建一道梳齿坝。梳齿坝坝顶宽3m，坝底宽9m，最大坝高11m，坝体基础置于地面以下4m；坝体上游为竖直面，下游面为1:2坡面。梳齿坝的支墩宽度为1m，支墩间距1m。梳齿坝库容为0.8万m³。

3）进口明渠设置钢筋混凝土盖板。为防止排水洞进口边坡上部滑塌堵塞排水洞进口，排水洞进口至引渠末端弯道处设置钢筋混凝土盖板，形成明洞。钢筋混凝土盖板尺寸：长5.6~8.4m，宽1m，厚度为0.6m，跨度较大的两块盖板厚度为0.7m。

（2）永久治理方案。

1）增设拦挡坝。为拦截上游沟道泥石流中大粒径的石渣，在沟道高程1960.00m、1930.00m处增设两道拦挡坝，采用多孔坝型式，多孔坝坝顶宽度为3m，最大坝高10m，坝体基础位于地面以下约4m；上游面为1:0.5坡面，坝底宽9m，下游面为1:0.2坡面，上游多孔坝开孔直径1.5m，下游多孔坝开孔直径为1.2m。上游多孔坝库容为0.3万m³，下游多孔坝库容为1.2万m³。

另将原浆砌石拦挡坝适当加固，在坝上游面采用M10浆砌石加厚2m，高度仍为4m，可拦挡库容约 0.7 万 m³。加上应急治理措施方案中排水洞进口前的梳齿坝可拦挡库容 0.8 万 m³。总库容可达 3.0 万 m³。可拦挡 50 年一遇泥石流冲出固体物质总量。

2) 排水洞进口增设高位进水口。为防止泥石流将排水洞洞口堵塞无法过水，在排水洞进口前明渠段新建一座混凝土进水塔，进水塔顶高程 1908.00m，总高约 22m。进水塔底部迎水面和背水面的过水断面面积为 4.5m×6m，顶部迎水面和背水面的过水断面面积为 4.5m×4m，两侧开口断面面积为 2.5m×2.5m，顶部为中空，各进水口均设置钢格栅。进水塔底部为 10.5m×12.5m×2m 的混凝土基础。在高位进水口高程以下可淤积库容约 2.0 万 m³，再加上前面拦挡坝的库容，总拦挡库容 5.0 万 m³，可拦挡一次 100 年一遇泥石流的固体物质。顶部进水孔以下可再淤积库容约 6 万 m³。

3) 通气洞进口增设明洞段。为防止排水洞进口边坡上部滑塌堵塞通气洞，在洞口外采用浆砌石回填至底板高程，形成一平台，在其上设置 5m 长的钢筋混凝土明洞，作为排水洞的通气洞兼非常泄洪洞。

4) 滑塌边坡防护。排水洞进口上方边坡"8·30"发生浅表覆盖层滑塌。为避免堵塞排水洞进口，考虑清除边坡上的松渣，并采用 2m×2m 网格的 C20 混凝土框格梁进行防护。节点处设置 $\phi 28$，$L=6m$ 长的锚杆。

同时为减少上游沟道两侧滑塌边坡被沟水冲刷，不断在沟内淤积，提供不稳定物源，考虑在其坡脚设置混凝土贴坡挡墙进行护脚。

5) 加强预报预警。每年汛期，特别施工期间，在印把子沟流域内建立预警预报体系，发生险情时，立即采取相应应急防范措施，以减少损失。

6) 定期清淤。每年汛期对淤渣进行及时清理，以留出一定的停淤库容。

7) 超标准泥石流防治措施。泥石流是不良的复杂地质体，物理力学参数变异性大；泥石流灾害防治工程迄今还是一门不够严谨、完善、成熟的技术；泥石流灾害防治工程设计受诸多不确定因素的影响，必然存在着相当大的风险。考虑到印把子沟渣场对锦屏二级水库的重要性，若发生超标准泥石流或其他不可预见因素造成排水洞堵塞，渣前将壅水到渣体垭口 1936.00m 高程，形成约 90 万 m³ 的堰塞湖，可能会对渣场造成破坏。

通过渣场渗透稳定性理论分析和渣场边坡稳定性理论分析，采取如下的技术措施应对超标准泥石流。

a. 防渗措施。在排水洞进口下侧约 10m 处设置一道防渗墙，深入基岩弱透水层。在渣场上游迎水面 1940.00m 高程以下铺设土工膜与防渗墙连接形成封闭。土工膜底采用 20cm 厚砂砾石垫层，表面采用 20cm 厚砂砾石和 50cm 厚干砌石保护。

同时考虑到渣场下游 1652.00m 和 1720.00m 高程平台坡脚处渗透坡降较大，仍存在局部渗透破坏的可能；待砂石系统拆除后，考虑在坡脚处设置反滤层和大块石压坡等措施。

b. 在渣场垭口下游设置排洪渠。当排水洞高低进口及通气洞进口都被堵塞后，水位将壅高，将垭口前 90 万 m³ 库容蓄满后，为避免洪水沿渣坡漫流，在渣坡右侧设置钢筋混凝土排水渠，将洪水从排水渠有序的引排至沟口胶带机洞内，再排至雅砻江。排水渠采用混凝土浇筑，过水断面约为 3m×1.5m，基础宽度为 5.26m，排水渠边墙采用 C20 混凝土浇筑，排水渠底板采用 C25 钢筋混凝土，厚度为 0.6m，坡度较陡段设置消能台阶。排水渠靠渣体边缘布置，底部3m深度范围内渣体需碾压密实。

印把子沟泥石流应急治理工程示意图如图3.22所示。

（a）第二道拦挡坝　　　　　　　　（b）梳齿坝

（c）排水洞进口及高位进水塔　　　　（d）渣体防渗及通气孔

（e）应急排洪渠　　　　　　　　（f）渣场边坡防护

图3.22　印把子沟泥石流应急治理工程示意图

3.3.2.4　桩林坝技术应用实例

可尔因沟位于双江口水电站坝前库区右岸，呈树枝状展布，流域面积约122km²，其中汇水面积89.6 km²，流域内最高点高程4230.00m、沟口高程2310.00m，整条沟纵长为20.427km，纵坡坡降为112‰。可尔因沟属沟谷型泥石流沟，正处于泥石流衰退期，一般降雨条件下暴发泥石流的可能性极小，可尔因沟发生中等规模的泥石流至少需要频率为100年一遇的降雨（$P=1\%$），且属稀性泥石流。

为消除沟口段水土流失和施工落渣参与形成泥流等次生灾害，保障上游围堰和1号导流洞的安全运行，方便洞式溢洪道、深孔泄洪洞、放空洞和2号导流洞进口边坡开挖积渣和转运，有必要对该段可尔因沟沟水及泥石流进行处理和防护。

综合考虑可尔因沟泥石流特征和沟水处理工程的使用年限（4～5年），确定该工程防治安全等级为四级，相应设计降雨强度标准采用10年一遇，其泥石流流量为46.94m³/s，一次泥石流固体物质总量为2.32万m³。

可尔因沟底坡陡且两侧山体呈 V 形，为形成较大拦蓄库容则需较高坝体，但坝体稳定问题比较突出。为此，选择设置多座小型拦渣坝进行分次拦挡大粒径块石的方式。根据地质推断，10年一遇降雨发生小规模泥石流的总量约7.9万m³，其中固体物质总量约2.32万m³，考虑到沟内泥石流属稀性泥石流，一般降雨条件下暴发泥石流的可能性极小，因此拦渣坝采用桩林坝坝型。为方便施工，桩体采用直径为80cm的钢筋混凝土桩，坝顶处采用0.5m×0.5m联系横梁将两排桩体上部连为一体，同时在桩林坝边侧预留机耕道路基。

根据可尔因沟沟口堆积扇块石最大直径 D_m 为1.3m，桩林间排距为（1.5～2）D_m，且桩林地面外露高度应为3～8m，桩体埋置深度不应小于总长度的1/3，相应桩林间排距取值为2.5m，最大外露高度取值为8m，同时考虑2m冲刷深度，最大埋置深度取值为7m。

图3.23 可尔因沟1号桩林坝完工面貌

根据沟内地形、地质条件，选择距排水洞进口上游约800m、400m处各设置两道桩林坝，从上到下依次编号为1号、2号、3号、4号。

1号桩林坝处沟床最低高程约2516.00m，桩林顶高程取为2524.00m，相应最低桩基高程为2509.00m，桩林沿轴线向两侧山体布置，横向长度50m，拦渣库容约6150m³。坝体由两排桩体组成，排距为2.5m，呈梅花形布置；第1排共有桩体21根，第2排共有桩体20根。可尔因沟1号桩林坝完工面貌如图3.23所示。

2号桩林坝紧靠1号桩林坝下游约80m处布置，其沟床最低高程为2503.00m，桩林顶高程取为2511.00m，相应最低桩基高程为2496.00m，桩林沿轴线向两侧山体布置，横向长度45m，拦渣库容约6280m³。坝体由两排桩体组成，排距2.5m，呈梅花形布置；第1排共有桩体19根，第2排共有桩体18根。

3号桩林坝处沟床最低高程约2452.00m，桩林顶高程取为2460.00m，相应最低桩基高程为2445.00m，桩林沿轴线向两侧山体布置，横向长度40m，拦渣库容约5720m³。坝体由两排桩体组成，排距2.5m，呈梅花形布置；第1排共有桩体17根，第2排共有桩体16根。

4号桩林坝紧靠3号桩林坝下游约55m处布置，其沟床最低高程为2444.00m，桩林顶高程取为2452.00m，相应最低桩基高程为2437.00m，桩林沿轴线向两侧山体布置，横向长度35m，拦渣库容约5490m³。坝体由两排桩体组成，排距为2.5m，呈梅花形布置；第 1 排共有桩体 15 根，第 2 排共有桩体 14 根。

3.4 水土保持挡渣堤技术

3.4.1 技术特点

在干流河道上下游围堰位置设置分流挡渣堤，通过提前实施导流洞工程分流，不仅可将大坝基坑拓展为施工场地提前利用，同时可有效拦截坝肩、电站进水口、开关站以及其他建筑物开挖料滚落河床导致的渣料流失，满足了环境保护和水土保持要求。

3.4.2 工程实践

3.4.2.1 两河口水电站挡渣堤

两河口水电站工程于 2012 年 3 月实现导流洞分流，2013 年 8 月坝肩开挖工程开始施工。大坝工程标（含上、下游围堰）于 2014 年完成招标设计，2015 年 3 月完成招投，同年 5 月承包人进场、11 月实施大江截流，2021 年 9 月第一台机组发电。在大坝工程标招标前，将大坝坝肩、右岸电站进水口和开关站、左岸泄水建筑物进出口等边坡开挖工程单独成标，于 2013 年完成招标，同年 8 月承包人进场开始施工。

由于大坝坝肩、右岸电站进水口和开关站、左岸泄水建筑物进出口边坡开挖工程量大，边坡陡峻，在边坡设置集渣施工场地困难，开挖施工期间大量石渣不可避免将直接进入其下方雅砻江河段。为满足环境保护和水土保持要求，施工阶段在该段河床大坝上、下游围堰部位设置挡渣堤，不仅在河床基坑形成了大量施工场地作为集渣平台，且有效收集边坡开挖石渣，适时将石渣转运至指定渣场堆存，避免开挖石渣流失，满足了环境保护和水土保持要求。该工程挡渣堤设计技术简述如下。

1. 设计遵循原则

（1）挡渣堤应具有一定的拦渣库容，满足基坑集渣出渣要求，汛期基坑内开挖堆积石渣不流失。

（2）挡渣堤应分别与上、下游挡水围堰结合布置，不新增工程量。

（3）挡渣堤施工时间短，堤体防护工程量不宜太大，填筑高度不宜太高。

（4）挡渣堤堤前水位需满足移民要求，因此标准不能太高。

2. 过流保护设计标准

考虑到两河口工程挡渣堤使用期间要度过 2014 年、2015 年两个汛期，且基坑中无永久性建筑物，基坑淹没过流不会造成较大损失，因此，挡渣堤级别按 5 级设计。

挡渣堤采用土石类围堰，根据《水电工程施工组织设计规范》（DL/T 5397—2007），5 级土石围堰相应的设计洪水标准为 5～10 年一遇。挡渣堤过水时的洪水设计标准为重现期 5～10 年。

10 年一遇洪水流量为 4140m³/s，5 年一遇洪水流量为 3620m³/s，通过水力学模型试验，10 年一遇洪水与 5 年一遇洪水堰顶水头、各水力学指标及单宽功率差别不大，过水保护基本相同，工程量及投资基本相当。同时，根据雅江水文站 1952—2010 年共 59 年的实测年最大洪峰流量资料，10 年一遇流量 $4140\,\mathrm{m^3/s}$ 在 59 年中的第 4、5 大流量（1999 年最大流量为 $4390\,\mathrm{m^3/s}$、1970 年最大流量为 $3980\,\mathrm{m^3/s}$）之间。综合分析，两河口工程挡渣堤过流保护设计标准选取 10 年一遇标准。

3. 挡渣堤方案比选

根据两河口工程所在地地方交通及移民要求，上游挡渣堤堰前水位不能超过导流洞过 5 年一遇洪水流量时上游围堰堰前的水位；基坑频繁过流将影响到边坡开挖及河床清淤安排；挡渣堤挡水高度过高将增加过水保护难度及投资成本，加大挡渣堤冲刷破坏的风险。因此，应根据工程实际情况，合理选择挡渣堤挡水高度。

根据两河口水电站坝址处分期设计洪水及实测汛期洪水资料，对上游挡渣堤顶高程初拟以下 4 个方案进行比选。

方案一：堰顶高程 $2608.00\,\mathrm{m}$，拦挡流量 $751\,\mathrm{m^3/s}$（枯期 11 月 10 年一遇洪水流量）。

方案二：堰顶高程 $2611.00\,\mathrm{m}$，拦挡流量 $1170\,\mathrm{m^3/s}$（汛期保证率 75% 最大流量）。

方案三：堰顶高程 $2614.00\,\mathrm{m}$，拦挡流量 $2000\,\mathrm{m^3/s}$（分析近年实测洪水资料选择的流量）。

方案四：堰顶高程 $2622.20\,\mathrm{m}$，拦挡流量 $2820\,\mathrm{m^3/s}$（汛期 2 年一遇洪水流量）。

根据 2006 年 1 月 1 日至 2011 年 8 月 15 日期间 5 个半汛期的实测日最大流量统计分析成果，方案一挡渣堤的过水天数约占 86.4%，过水频繁；方案二挡渣堤的过水天数约占 42.1%，过水较为频繁；方案三挡渣堤的过水天数约占 8.9%；方案四挡渣堤的过水天数仅约占 1.5%，各方案综合比较见表 3.30。

表 3.30 各 方 案 综 合 比 较 表

项　　目	方案一	方案二	方案三	方案四
挡水设计流量/(m³/s)	751	1170	2000	2820
上游挡渣堤顶高程/m	2608	2611	2614	2622.2
上游挡渣堤最大高度/m	16.8	19.8	22.8	31
过流保护设计流量/(m³/s)	4140	4140	4140	4140
上游挡渣堤上游设计水位/m	2615.02	2616.96	2618.88	2625.61
导流洞分流量/(m³/s)	1980	2376	2791	3207
基坑分流量/(m³/s)	2160	1764	1349	933
总落差/m	1.51	3.45	5.37	12.1
上游挡渣堤分担落差/m	0.83	2.18	2.63	6.5
下游挡渣堤分担落差/m	0.68	1.27	2.74	5.6
上游挡渣堤过流宽度/m	82	85.5	88.2	104.6
上游挡渣堤单宽流量/(m³/s)	26.35	20.63	15.29	8.92
上游挡渣堤堰顶平均流速/(m/s)	3.75	346	3.13	2.61
上游挡渣堤堰顶最大流速/(m/s)	6.37	5.87	5.31	4.44
上游挡渣堤堰面最大流速/(m/s)	7.45	7.90	8.44	11.13
上游挡渣堤单宽功率/[(t·m)/(s·m)]	21.85	45.02	47.89	58.02
上游挡渣堤总填筑工程量/m³	56400	65200	81800	175900

续表

项　　目	方案一	方案二	方案三	方案四
上游挡渣堤过流保护工程量/m³	12720	14550	16890	29300
下游挡渣堤总填筑工程量/m³	34900	41400	56400	178900
下游挡渣堤过流保护工程量/m³	11060	11980	13310	32320
工程投资/万元	757.76	900.23	1114.8	2597.76
根据 2006 年 1 月 1 日至 2011 年 8 月 15 日期间 5 个半汛期的实测日最大流量统计分析的挡水保证率/%	13.6	57.9	91.1	98.5
综合比较	(1) 各方案均可满足环境边坡治理挡渣要求和汛后防渗墙施工要求及移民和地方交通要求。 (2) 方案一和方案二挡渣堤的挡水保证率约为13.6%和57.9%，过水较为频繁；但挡渣堤工程量小、施工强度较小、投资低。 (3) 方案三挡渣堤的挡水保证率约为91.1%，挡渣堤工程量较方案一、二稍大。 (4) 方案四挡渣堤的挡水保证率约为98.5%；过水工况水位差大，围堰挡水水头大，挡水工况围堰渗流稳定风险大；挡渣堤填筑和防护工程量大，在汛前完成填筑和过流保护难度大，存在较大度汛风险			

　　方案四围堰高度大，工程量大，施工强度大，存在较大工期风险，过流保护难度大，且投资较高。方案一和方案二水力学指标相对较好，且工程量较少，但方案一和方案二挡渣堤的挡水保证率较低，过水较为频繁。方案三水力学指标较方案一略差，与方案二差不多；工程量较方案一、二略大；但挡渣堤的挡水保证率较高，约为91.1%。

　　因此，经综合比较，该阶段暂推荐方案三，其挡水标准为 $2000 m^3/s$，上游挡渣堤堰顶高程 2614.00m；过流标准为 5 年一遇洪水（即 $Q = 4140 m^3/s$）。

　　4. 挡渣堤建筑物设计

　　上游挡渣堤推荐采用土石类围堰。按拦挡 $2000 m^3/s$ 流量考虑，堰顶高程为 2614.00m，顶宽 16.0m，上下游堰面分别以坡度 1∶2.5、1∶4 与河床相连。根据模型试验，上游挡渣堤结构设计如下：

　　迎水堰面高程 2604.00m 以下采用 2.0m 厚的抛石护坡，高程 2604.00m 以上采用 1.0m 厚干砌块石防护。堰顶铺设 8.0m×8.0m×1.0m 的 C25 混凝土柔性板。背水堰面高程 2604.00m 以上铺设 8.0m×8.0m×1.0m 的 C25 混凝土柔性板，混凝土板层与层间用插筋 $\phi32$，$L=1.0m$ 连接，间距 2.0m，相邻混凝土板间用连系筋 $\phi20$，$L=2.0m$，间距 1.0m 连接，以增强其整体性并适应变形。混凝土板与堰体石渣填料间设置 30cm 厚（砂砾料）的垫层。为减小在过水时对混凝土板的扬压力，堰面上的混凝土板设直径 50mm 的排水孔，间排距 2.0m，呈梅花形布置。在高程 2604.00m 设置 20.0m 宽防冲平台，平台以下铺设 3.0m 厚的抛石护坡，再用大块石护脚，3~5 块石块之间用钢丝绳连成串，以增加其抗冲能力，防护长度 40.0m。

　　下游挡渣堤堰体型式与上游挡渣堤相同，均采用土石类围堰。为在度汛标准下分担部分落差，下游挡渣堤顶高程为 2611.00m，顶宽 16.0m，上下游堰面分别以坡度 1∶2.5、1∶4.5 与河床相连。根据模型试验，下游挡渣堤结构设计如下：

迎水堰面高程 2604.00m 以下采用 2.0m 厚的抛石护坡，高程 2604.00m 以上采用 1.0m 厚干砌块石防护。堰顶铺设 8.0m×8.0m×1.0m 的 C25 混凝土柔性板。背水堰面高程 2604.00m 以上以一坡到底形式铺设 8.0m×8.0m×1.0m 的 C25 混凝土柔性板，混凝土柔性板均采用前后、左右顺缝衔接方式铺设。相邻混凝土板间用连系筋 $\phi 20$，$L=2.0m$，间距 1.0m 连接，以增强其整体性并适应变形。混凝土板与堰体石渣填料间设置 30cm 厚（砂砾料）的垫层。为减小在过水时对混凝土板的扬压力，堰面上的混凝土板设直径 50mm 的排水孔，间排距 2.0m，呈梅花形布置。在高程 2604.00m 设置 16.0m 宽防冲平台，平台以下铺设 3.0m 厚的抛石护坡，再用 3～5 块大块石用钢丝绳连成石串进行护脚，以增加其抗冲能力，防护长度 40.0m。

5. 水力学模型试验

通过动床水力学试验，了解不同设计标准流量下，上下游挡渣堤迎水面、堰顶、下游面以及基坑等重点保护部位的水流状态；了解并研究上、下游挡渣堤堰面过流时的冲刷及破坏情况；了解基坑不同堆渣高程河床过流时的水流状态；提出挡渣堤布置、堰面防冲保护方案以及堰面保护结构优化方案或措施等。

上下游挡渣堤经过各布置方案和修改体型的对比试验，得出最终推荐方案如下。

（1）上游挡渣堤体型：上游挡渣堤顶高程为 2614.00m，顶宽 16.0m，上下游堰面分别以坡度 1:2.5、1:4 与河床相连。

（2）下游挡渣堤体型：下游挡渣堤顶高程为 2611.00m，顶宽 16.0m，上下游堰面分别以坡度 1:2.5、1:4.5 与河床相连。

（3）上游挡渣堤保护措施：迎水堰面 2614.00m 高程以下铺设 2.0m 厚的抛石护坡，坡度为 1:2.5，在 2614.00m 高程设置 48.5m 宽平台，采用厚度 1.0m 的干砌石防护，再以厚度 1.0m 的干砌石护坡以 1:2.5 的坡度与堰顶衔接；堰顶铺设 8.0m×8.0m×1.0m 混凝土柔性板；背水堰面 2604.00m 高程以上铺设 8.0m×8.0m×1.0m 混凝土柔性板，混凝土柔性板铺设成阶梯形，台阶宽为 4.0m，高度为 1.0m，在 2604.00m 高程设置 20.0m 宽防冲平台，平台以下铺设 3.0m 厚的抛石护坡，再用大块石护脚。

（4）下游挡渣堤保护措施：迎水堰面高程 2604.00m 以下采用 2.0m 厚的抛石护坡，高程 2604.00m 以上堰面采用 1.0m 厚干砌块石防护；堰顶铺设 8.0m×8.0m×1.0m 混凝土柔性板；背水堰面 2604.00m 高程以上以一坡到底型式铺设 8.0m×8.0m×1.0m 混凝土柔性板，混凝土柔性板均采用前后、左右顺缝衔接方式铺设；在 2604.00m 高程设置 16.0m 宽防冲平台，平台以下铺设 3.0m 厚的抛石护坡，再用大块石护脚。

在不同流量下，上游挡渣堤能够形成完整水跃，随着来流量的增大，水跃发生位置向下游移动，下堰脚水流波动加剧，两岸伴随一定回流；下游挡渣堤堰顶过流断面较宽，水深较浅，水流经堰面平顺过流，堰后能形成淹没水跃，两岸存在一定回流；受下游挡渣堤影响，基坑内水面较平静，未出现不利流态。

在不同流量下，上下游挡渣堤消能效果良好，水跃后流速迅速下降。小流量时上堰的堰后河床基本未被冲刷，随着流量的增大，冲刷强度和范围有所增大。当遇到 50 年一遇流量时，堰后河床冲坑最深点高程 2592.96m；在不同流量下，下堰的堰后河床基本未被冲刷。

因此，上下游挡渣堤堰体稳定性均较好。

6. 挡渣堤运行

两河口水电站挡渣堤于 2014 年 4 月完成建设，2015 年 10 月拆除上部混凝土保护盖板，挡渣堤运行历经两个汛期。挡渣堤运行期整体稳定，未发生破坏，完全满足大坝坝肩、右岸电站进水口和开关站、左岸泄水建筑物出口工作面开挖石渣集渣和出渣要求，避免了渣料流失。

3.4.2.2　猴子岩水电站挡渣堤

猴子岩水电站同样在干流上下游围堰位置设置挡渣堤，满足了枢纽区环境边坡治理、坝肩边坡开挖、右岸电站进水口和左岸泄洪洞进出口等工程在低高程集渣、出渣的施工场地要求，避免了渣料流失，满足了环境保护和水土保持要求。

1. 设计成果

上游挡渣堤顶高程为 1708.00m，堰顶宽 35.5m，最大堰高约 18m。部分堰顶采用 1m 厚钢筋石笼保护，上游采用大块石护坡，下游坡坡比为 1:3.5，下游坡采用双层钢筋石笼护坡，钢筋石笼之间采用钢筋焊接，钢筋石笼与堰体块石填筑间铺设土工布，堰脚采用抛填大块石防护。上游挡渣堤两岸均采用 1m 厚钢筋石笼保护。

下游挡渣堤顶高程按 1702.00m 设计，堰顶宽 40m，最大堰高约 20m。由于下游围堰作为拦挡渣料的重要建筑物，为满足防冲保护要求，堰顶采用 1m 厚钢筋石笼保护，上游采用大块石护坡，下游坡坡比为 1:3.5，下游坡采用双层钢筋石笼护坡，钢筋石笼之间采用钢筋焊接，钢筋石笼与堰体块石填筑间铺设土工布，堰脚采用抛填大块石防护。3~5 块石块之间用钢丝绳连成串，以增加其抗冲能力。下游挡渣堤两岸均采用 1m 厚钢筋石笼保护。

2. 挡渣堤运行

猴子岩水电站挡渣堤于 2011 年 5 月完成建设，2011 年 10 月拆除上部混凝土保护盖板，挡渣堤运行历经一个汛期。2011 年汛期最大过水流量 3130m³/s（2011 年 7 月 7 日），挡渣堤过水后结构安全，未被破坏，完全满足基坑范围 1710m 以上大坝坝肩、右岸电站进水口和左岸泄洪洞进出口的边坡开挖，以及两岸环境边坡开挖治理等的石渣在基坑内集渣和出渣要求，避免了渣料流失，满足了环境保护和水土保持要求。

挡渣堤也成功运用于叶巴滩和双江口水电站。

3.5　施工场地环水保技术

3.5.1　技术特点

高山峡谷地区大多植被稀薄、生态脆弱，工程施工不可避免地会对环境造成一定破坏。为了减少施工期的水土流失，营造绿色生态的施工环境，工程研究了一系列场地环保水保技术。

施工场地一般由开挖或回填形成，场地平台周边布置截水沟，使场地外围降水不能进入，场地内设置排水沟，让降水有序经过沟道排向外围，保证场地安全。场地平台上合理布置施工设施，充分利用路边等空闲地带植草植树，以增加绿化面积。工程除上述常规技术外，重点对水土流失严重的场地边坡进行了研究，提出采用框格梁护坡并在框格内覆土植草绿化，并采用当地易生长的草种；对部分回填边坡，采用土工格栅形成加筋土陡坡，在坡面处反包土工生态袋，袋内有生态土及草种，形成了一道绿色的屏障，实现绿色场地。

3.5.2　工程实践

锦屏一级水电站印把子沟边坡采用框格梁并覆土植草，利用沟水自流浇灌，经过两个雨季，渣场变成了一片绿色的草原。

锦屏一级水电站印把子沟砂石系统场地外边坡和棉纱沟混凝土系统场地边坡采用土工格栅陡坡，并反包土工生态袋，形成了一道绿色幕墙，不但避免了坡面水土流失，利于边坡稳定，还美化了环境。

两河口水电站施工场地极其狭窄，在左下沟下游场地和白玛营地对面场地平整中采用土工格栅加筋陡坡＋反包土工生态袋技术，营造了大面积的绿色施工场地。

第4章

场内交通系统布置技术

高山峡谷地区水电工程一般布置复杂，施工场地狭窄，道路布置密集；因施工进度及防洪度汛的要求，往往采取多工作面、多种作业交叉并行，不同的工作面因物料性质的不同使得物料的数量繁多，且因施工时段相对集中，导致物料运输强度高，运输量大，运输机械数量众多。因此，在施工总布置设计中，应针对各工程的实际施工条件、不同的作业面合理地设计物料多元化的运输系统。

在减少坝区场内交通压力及施工干扰的情况下，溪洛渡水电站成品细骨料在经济上仍有优势。

瀑布沟水电站土料采用带式输送机运输，减少了新建黑马沟口至黑马料场的运输道路，且有效避开居民区和黑马营地，避免了交通运输的干扰。

锦屏一级水电站混凝土骨料采用带式输送机运输方案，有效减缓了场内公路交通超限压力，降低了交通安全隐患，确保工程的顺利实施。

两河口水电站场内交通设计中，创新应用了可视化仿真技术，实现了设计成果的可视化表达，对于高山峡谷地区水电工程场内交通设计提供了新的设计理念，并可为实施阶段场内交通的科学管理和决策提供有力支持。

4.1 斜坡卷扬道运输布置技术

4.1.1 技术特点

目前斜坡卷扬道较多使用于露天矿业开采，且一般是在小于 25°的沟道内利用卷扬机同时提升（或下放）几个矿车；斜坡卷扬道在水电站施工中使用较少，并不作为常规运输方式，主要适用于物料运输两地高差大、地形陡峻、公路与铁路运输难以到达或筑路基建工程量过大而运输量不大的很不经济的地段。斜坡卷扬道提升技术在煤炭、矿山行业运用得较多，也比较成熟。从煤炭行业实际运用的工程实例来看，在坡度小于 25°时，均采用现有的国家定型标准产品；在坡度大于 25°且小于 45°时，运输设备基本上为非标准产品，需做专门的设计，并且在轨道上要加防倾覆的抱轨装置；坡度大于 45°时，国内尚无该条件下的工程实例。

由于国家对环保越来越重视，斜坡卷扬道能有效减少基建工程量，减少对施工区植被的破坏，从环境保护角度考虑其具有一定优势；但其运输稳定性、可靠性较公路运输方式低，且在地形受限的情况下，采用洞内斜坡卷扬道投资相对较高。在场地布置时，是否采用斜坡卷扬道，需要从技术可靠性、工程投资、环境影响和运行要求等方面综合分析确定。

高山峡谷地区水电工程一般地形高陡，植被丰富，场内交通公路布置困难，狮子坪、出居沟等水电站采用斜坡卷扬机道作为物料运输方案，开创了高陡地区施工交通新模式，有利于节约施工占地，节省费用，减少植被破坏以及满足环保水保要求，具有较高的实用和推广价值。

4.1.2　工程实践

4.1.2.1　狮子坪水电站压力管道及厂区应用实例

1. 概述

狮子坪水电站位于四川省阿坝藏族羌族自治州理县境内岷江右岸一级支流杂谷脑河上，坝址距成都 244km，为杂谷脑河梯级水电开发的龙头水库电站。电站采用混合式开发，总装机容量 195MW（3×65MW）。水库总库容 1.33 亿 m^3，调节库容 1.19 亿 m^3，为年调节水库。工程枢纽由拦河砾石土心墙坝、泄洪洞、放空洞（与导流洞全结合）、引水隧洞、调压井、压力管道和地下厂房等建筑物组成。心墙堆石坝最大高度 136.00m，坝基采用 1 道厚 1.20m、最大深度为 90m 左右的混凝土防渗墙。引水隧洞全长 18.71km，断面内径 5.50m。

工程地处米亚罗红叶风景区，317 国道从工程区经过，具有水工建筑物布置分散、引水线路长、地质条件复杂、施工布置困难、工期紧、施工干扰大以及环保水保问题突出等特点。

由于厂区地形地质条件复杂，施工道路只能修建至压力管道中平段施工支洞。中平段至调压井段施工，如采用公路运输，不仅难度大、代价大，对环境破坏也严重。经技术经济比较，上部施工布置斜坡卷扬机道设施，上平段布置上站场，中平段布置下站场，中间布置斜坡道，场内物料采用斜坡卷扬机道运输。狮子坪水电站压力管道及厂区施工布置如图 4.1 所示。

2. 卷扬道设计

（1）设计参数。

1）提升物料种类：包括压力管道上平段的施工设备及材料、开挖出渣、砂石料及混凝土材料，以及压力管道上斜段的压力钢管运输（直径 4m，长 4m 一节，重 10t）。

2）运输强度：约 60t/h。

3）运输小车容积：8m^3。

4）最大提升重量：根据提升物料种类及运输小车容量，最大提升重量为洞挖渣料，取 20t。

5）提升方式：专用小车提升，绞车牵引（双筒，直径 2.5m，速度 2.5m/s，功率 280kW，电压 6.0kV）。

6）斜坡道：提升高度 168m，坡度 37°，卷扬机道总长 289m。

（2）平面布置。站场位于压力管道上平段支洞与中平段支洞之间，上平台高程 2394.00m，下平台高程 2226.00m，垂直高差 168m，坡度 37°，卷扬机道总长 289m。卷

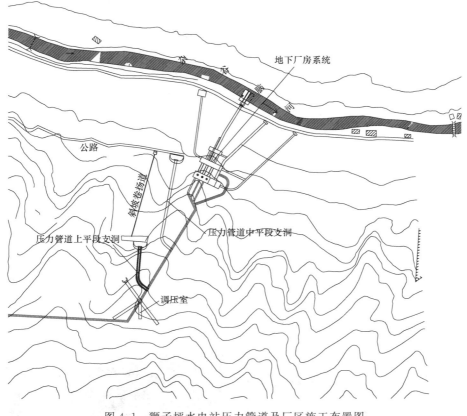

图 4.1 狮子坪水电站压力管道及厂区施工布置图

扬机滑道采用双轨，上平段和中平段支洞均有轻轨与滑道垂直连接，轨道宽度为 2.0m，轨道选用 24kg/m 轻轨。设计一套牵引车和送料小车用来运输压力钢管及其他施工材料，为了方便地将施工材料和设备转移到送料小车上，在下平台布置一台 16t 简易门吊。

滑道纵向支承梁采用 H 型钢，其下部与桩基上预埋铁板凳焊接，其上部铺枕木，枕木上铺轻轨，H 型钢之间采用工字钢 I18 相连。滑道基础位于覆盖层上，为减少开挖（或基本不挖），采用 C30 灌注桩基础，灌注桩直径为 1.0m，高 4.0m 长，横向间距 2m，顺坡向间距 3m。桩基及周围设固结灌浆，宽度 4.0m，深度 7m（桩基下为 3m），间排距为 1.0m。滑道平面布置如图 4.2 所示，斜坡卷扬机滑道实景如图 4.3 所示。

3. 施工及运行

（1）施工。为满足滑道施工，顺地形修建一条长度约 843m 的之字形人行便道，宽度 2.0m，平均纵坡 19.2%，最大纵坡 33%。土建施工的开挖、运输、混凝土浇筑、固结灌浆等全部采用人工完成。工期约 6 个月。

（2）运行。采用电气自动控制系统。运输小车容积 8m³（约 15t），运行速度重载为 1.0m/s，空载为 1.9m/s（设计 2.5m/s），每循环（上料、运输、卸料）运行时间约 18min，满足设计要求。

国内水电工程斜坡道，一般采用慢速卷扬机运输物料，要求速度不超过 1.0m/s，斜

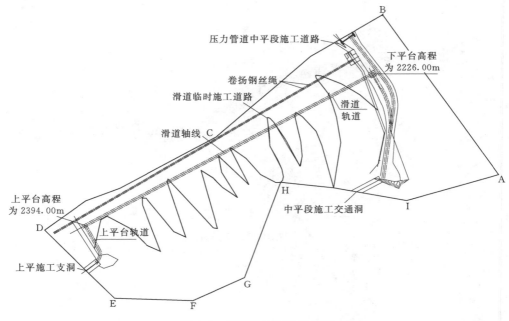

图 4.2　滑道平面布置示意图

（a）斜坡卷扬道实景图

（b）卷扬机房

图 4.3　斜坡卷扬机滑道实景

坡不超过 25°，因而运输能力较低；而狮子坪水电站工程斜坡卷扬机道系统采用快速卷扬机，具有坡度大（37°）、斜坡长（近 300m）、提升重量大（20t）、提升速度快（2.5m/s）等特点，该设备在水电行业属首次采用。

4.1.2.2　出居沟水电站应用实例

1. 概述

出居沟水电站引水线路全长 12534.30m，隧洞进口底板高程 1794.00m，调压井处底板高程 1550.00m，隧洞穿越区沿线山体雄厚、地形陡峻、沟谷深切，山顶海拔一般为 3000.00～3500.00m，临谷高差 1000～1500m，属典型的高山峡谷地貌。沿线冲沟发育，规模相对较大，沟床坡降一般为 10%～30%。隧洞围岩岩质类型主要为前、后段板岩、片岩类，中段碳酸盐岩类，主要断层、地层走向均与洞线大角度相交。

引水隧洞是该工程控制工期的关键线路。引水隧洞施工支洞控制段主洞工作面地处冲沟地段，且紧邻"蜂桶寨国家级自然保护区"，洞口的布置受到一定的限制，主、支洞洞口垂直高差较大，支洞纵坡较陡，常规施工难度较大。根据引水隧洞的洞线布置特点，结合隧洞沿线地形、地质条件及施工总进度计划要求，该施工支洞场内交通最终设计为斜坡卷扬道型式。

　　2. 斜坡卷扬道布置

通常，以下两种情况较常使用斜坡卷扬道进行施工。

（1）当物料运输起始端与终止端高程相差较大、地形相对陡峭、公路和铁路的布置较困难。

（2）物料运输量不大但修建道路工程量较大，修路方案不经济。

斜坡卷扬道是通过卷扬机钢绳牵引矿车组运输物料的方式，选取的矿车容积一般为 $0.6m^3$ 或 $1.0m^3$，轨距参数为 600mm，提升速度 2～4m/s，斜坡道长度一般小于 500m。斜坡卷扬道大部分布置为直线，线路的坡度一般小于 25°，如果采用台车或者斗箕运输，其坡度可以相应提高，但一般不超过 40°。引水隧洞施工支洞口设计高程 1672.00m，到达主洞高程 1560.90m，支洞洞口至主洞交点垂直高差为 111.1m，水平长度仅为 478m，纵坡达到 14°，起始端与终止端高程相差较大，公路和铁路的布置也较困难。根据引水隧洞的洞线布置特点，结合隧洞沿线地形、地质条件及施工总进度计划要求，经比较后，引水隧洞施工支洞设计最终选取为斜坡卷扬道型式（洞内斜井）。采用斜坡卷扬道方式布置，施工支洞长 492m，其中斜坡卷扬道长 467m，上部平车场长度考虑为 15m，下部平车场长度考虑为 10m。出居沟水电站斜坡卷扬道布置如图 4.4 所示。

图 4.4　出居沟水电站斜坡卷扬道布置图（单位：m）

3. 卷扬道设计参数选择

卷扬机的设计参数包括运输强度、荷载能力及运输尺寸。

施工支洞段斜坡卷扬道主要用于以下项目的运输：支洞控制段的开挖出渣；支洞工作面的混凝土衬砌的钢筋和混凝土等材料；支洞工作面衬砌钢管管节；支洞工作面的施工机械。

（1）出渣。斜坡卷扬道负担引水隧洞施工支洞上下游工作面开挖的出渣。该控制段围岩 60% 洞段为 Ⅳ 类围岩，全断面开挖面积 18.08m²，循环进尺为 2.0m，每循环渣量约 36m³，出渣时间由挖装设备控制。支洞工作面采用 LZ-100 立爪装岩机装渣，5t 自卸汽车运输，出渣时间约为 2.5h，每小时出渣方量 14.5m³，岩石自然密度约 2700kg/m³，故隧洞开挖的平均出渣强度为 39.15t/h，高峰时段出渣强度为 57t/h。支洞上游控制段较短，工期较为宽松，两个工作面同时施工时出渣时段可错开，斜坡卷扬道运输强度由单工作面控制，故斜坡卷扬道的设计出渣强度为 57t/h。

（2）材料运输。永久支护施工包括钢筋混凝土浇筑及喷锚支护，支洞工作面引水隧洞为钢筋混凝土衬砌，部分洞段有钢衬。经计算，混凝土衬砌强度为 21m³/h。由于混凝土系统设置在引水隧洞支洞口，故斜坡卷扬道只负责钢筋、混凝土等材料运输。由于该工程主要为洞内衬砌混凝土，混凝土施工强度不高，同时材料运输也可分批运输，比较灵活。

（3）钢管管节运输。支洞工作面钢衬内径 2.4m，最大壁厚约 16mm，管节长 3m，单节最大运输重量约 2.84t，运输尺寸 3.4m×3m（考虑加劲环）。

（4）施工机械运输。施工设备的最重件为 LZ-100 立爪装岩机，自重约 8.8t；最大件为 2.5m³ 混凝土搅拌车，外形尺寸为 7.4m×2.5m×3.8m，自重为 8.1t。

综合以上分析，斜坡卷扬道设计运输强度由出渣控制，为 57t/h；斜坡卷扬道设计载荷能力由立爪装岩机控制，为 8.8t；设计运输尺寸由钢衬管节、自卸汽车控制，为 3.4m×3.8m。

根据以上情况，考虑辅助运输设备自重等因素，斜坡卷扬道设计载荷能力为 10t，并满足钢衬管节、自卸汽车的运输尺寸要求。

4. 卷扬道设备选择

该斜坡卷扬道的设计参数为：斜坡长度 467m，上部平车场长度 15m，下部平车场长度 10m。斜坡卷扬道分单钩斜坡卷扬道和双钩斜坡卷扬道两种，分别如下：

（1）单钩斜坡卷扬道。单钩斜坡卷扬道一次牵引循环时间（T_{jt}）由斜坡卷扬道长度（L）、上部平车场长度（L_{sh}）、下部平车场长度（L_{sa}）、平车场休止时间（Q_p，可取 30～60s）、斜坡道运行平均速度 [v_{pj}，视运输长度而定，一般取（0.75～0.9）v_{max}；当运距不大于 300m 时，v_{max} 为 2.0m/s；当运距大于 300m 时，v_{max} 为 4.0m/s] 以及平车场线路的运行速度（v_p）确定，其计算公式为

$$T_{jt} = \frac{2L}{v_{pj}} + \frac{2L_{sh}}{v_p} + \frac{2L_{sa}}{v_p} + 2Q_p \tag{4.1}$$

按卷扬机运行速度 4m/s、平车场线路运行速度 0.3m/s（考虑采用人工推）计，取平车场休止时间 60s，则一个循环时间 T_{jt} 为 552s。每小时可以牵引的次数为 6.52 次。一次需要牵引的矿车数（N）由小时运输能力（Q_s）、一次循环时间 T_{jt}、矿车有效载重（G_x）

确定，而 G_x 由装载系数（G_m，当坡道倾角小于 25°时取 0.9，25°～30°时取 0.8）、物料堆积密度（γ），以及矿车容积（V_r）确定，其计算公式为

$$N = \frac{Q_s T_{jt}}{3.6 G_x}$$

$$G_x = G_m \gamma V_r \tag{4.2}$$

为满足小时运输强度 57t/h，G_m 取 0.9，γ 为石渣自然方密度取 1850kg/m³，矿车容积为 1.0m³，需斗车容量 5.91m³。此时斜坡卷扬道设计载荷能力需提高至 12t 方能满足要求。单钩卷扬机最大静拉力（F_{max}）由最大载重（G_{max}，$G_{max} = \gamma V_r$）、矿车自重（G_t）、矿车运行阻力（f_1，一般取 0.01）、钢绳运行阻力系数（f_2，用上部托辊绳时采用 0.5～1.0，用下部托辊绳时采用 0.15～0.4）以及钢绳单位长度重（P_s）确定，其计算公式为

$$F_{max} = n(G_{max} + G_t)(\sin\alpha + f_1 \cos\alpha) + P_s L(\sin\alpha + f_2 \cos\alpha) \tag{4.3}$$

按 f_2 取 0.75（参照狮子坪工程），P_s 选取为绳 6×19 型交互捻钢丝绳，直径 40mm，单位参考重量为 5.71kg/m，则单钩最大静拉力 7100kgf。单钩电动机功率（N'）由电动机功率备用系数（K_b，取 1.2）、F_{max}、传动效率（η，一级传动为 0.9、二级传动为 0.85）以及 v_{max} 确定，其计算公式为

$$N' = \frac{K_b F_{max} v_{max}}{102\eta} \tag{4.4}$$

则单钩卷扬机所需电动机提升功率为 393.0kW。

（2）双钩斜坡卷扬道。双钩斜坡卷扬道一次牵引循环时间（T_{jt}）计算公式为

$$T_{jt} = \frac{L}{v_{pj}} + \frac{L_{sh}}{v_p} + \frac{L_{sa}}{v_p} + Q_p \tag{4.5}$$

式中：各 L、v 值及 Q_p 意义与单钩相同；小时牵引数、一次牵引矿车数计算公式与单钩相同。

双钩斜坡卷扬道一个循环时间为 277s，需斗车容量 2.96m³，此时斜坡卷扬道设计载荷能力仍然由最大件控制，为 10t。

双钩卷扬机最大静拉力（F_{max}）计算公式为

$$\Delta F_{max} = n(G_{max} + G_t)(\sin\alpha + f_1 \cos\alpha) + P_s L(\sin\alpha + f_2 \cos\alpha) - nG_c(\sin\alpha - f_1 \cos\alpha) \tag{4.6}$$

式中：各符号代表意义与单钩相同；电动机提升功率计算公式与单钩相同。

则双钩静拉力差为 4185.5kgf，计算功率为 232.0kW，为单钩功率的 0.58 倍。

（3）设备选择。采用单钩斜坡卷扬机，功率太大，需选用 3.5m 以上的大直径卷扬机，加大了设备的制造、安装难度，且后期运行也很不经济。采用双钩斜坡卷扬机，高峰期每小时出渣强度为 57t；为方便转料和调节出渣强度，在斜坡卷扬道底部需设一个储料仓，断面为 3.5m×3.5m×4.0m，储存容量为 62t。

推荐采用双钩斜坡卷扬道方案,设备选择为:双滚筒 GKT2×1.5-20 卷扬机 1 台(功率310kW),电气控制设备 1 套;钢丝绳采用 6×19-40 型;自制斗车(3m³)2 台;自制混凝土罐 2 个;10t 电动葫芦(功率13kW,H=12m)2 台。

4.2 胶带输送机运输布置技术

4.2.1 技术特点

大型水电工程的大坝等水工建筑物工程量巨大,选择一个经济合理的混凝土骨料、土料等运输方案,对工程造价和环保有着举足轻重的意义。2002 年以前,水电工程混凝土成品、半成品骨料、土料等输送,运距大于 2km 时一般采用自卸汽车公路输送方式。近年来随着世界燃油价格不断上涨,自卸汽车运输的经济性在不断降低。对于料场到坝区距离相对较远的大型水电工程,采用长距离带式输送机运输就成为一种合理的选择。

由于长距离带式输送机具有输送能力高、运行连续可靠、节能环保、技术成熟等特点,在输送能力高、输送总量大、运距适中的大型水电工程项目上运用,具有明显的经济效益和社会效益。但对于高山峡谷地区的水电工程,长距离带式输送机需穿越高山、河谷、陡坡、深沟等复杂地形,土建工程受地形条件和工程场内交通等条件的限制,施工较困难,土建施工战线长,地质条件十分复杂,给设计工作带来一定的难度。

在锦屏一级水电站、瀑布沟水电站等工程中长距离带式输送机系统取得了良好的综合效果,为高山峡谷地区水电工程的骨料运输方案积累了宝贵的经验。

4.2.2 工程实践

4.2.2.1 锦屏一级水电站应用实例

1. 概况

(1)骨料运输量和运输距离。锦屏一级水电站混凝土总量约 780 万 m³,物料输送系统负责向高线混凝土系统和低线混凝土系统输送骨料,向高线混凝土系统输送约 536.73 万 m³ 大坝混凝土所需的粗骨料 1000 万 t,向低线混凝土系统输送 33.642 万 m³ 水垫塘、二道坝混凝土所需的粗细骨料 100 万 t,共计输送总量为 1100 万 t,其中向低线混凝土系统输送的骨料在棉纱沟转载。

成品粗骨料由距坝址约 5km 的下游左岸印把子沟人工骨料加工系统供应,混凝土工程施工强度高,成品骨料运输任务繁重,运输距离长及地势陡峭等问题都为运输系统布置带来难度。为了满足锦屏一级工程成品骨料运输需要,必须采用合理可靠的混凝土骨料运输方案。

(2)相关技术参数突破规范。尽管带式输送机已在电厂、建材、化工、矿山、冶金等行业物料输送系统中广泛使用,运输煤炭、金属废渣、尾渣、矿石等物料,但其管径一般仅为 150~400mm,单机长度一般不超过 3km。因而,长距离胶带运输在水利行业应用较少。锦屏一级水电站成品骨料运输系统管带机采用 D=500mm,带速为 4m/s,设计输送能力为 2500t/h，是国内水电行业第一次使用，同时也是国内使用的最大的带式输送机，是锦屏一级水电站高、低线混凝土生产系统骨料运输最主要的运输方式，作为锦屏一级水电站工程的"生命线"，带式输送机系统的规划和布置直接影响整个锦屏一级水电站工程施工能否顺利进行。

2. 骨料运输方案论证

在工程可行性研究设计阶段，对混凝土骨料运输方案进行了公路运输与带式输送机运输的比较研究。公路运输方案充分利用现有场内交通条件进行汽车运输，于高线混凝土系统成品骨料竖井附近建受料仓，转胶带机运输；胶带机运输方案中左右岸胶带机均以设置在隧洞内为主。

公路运输方案需新增装车设施和骨料运输循环线公路等土建项目。由于受锦屏工程场地和交通条件现状限制，骨料运输车辆会导致场内公路交通量超限，对交通安全存有隐患，因此公路运输方案会给工程建设带来一定的风险，且公路和运输车辆的日常维护费用也很高。相比之下，带式输送机运输方案相对独立，受各方面影响较小，工艺和结构设计在技术上均可行。虽然带式输送机方案的土建工程和设备采购等一次性投入费用大，但其运行费用大大低于公路运输方案。经过经济比较，两个方案的投资费用差别不大。为确保工程的顺利实施，采用带式输送机运输方案。

胶带机骨料运输总量约 1100 万 t，其中 100 万 t 为低线混凝土系统用量。胶带机输送系统需要按成品粗骨料不同粒径分级输送，设计运输能力为 2500t/h。

胶带机输送线路分三部分：江左岸段、跨江桥段、江右岸段。

(1) 江左岸段。在江左岸以隧道运输为主，采用普通胶带机。

起点 A：印把子沟人工骨料加工系统供料处，供料胶带机的带面标高 1713.20m。

终点 B：跨江桥左岸桥头，桥面标高 1666.00m。

点 A 和点 B 之间高差 45m，线路水平长约 970m，其中隧道长约 870m。

(2) 跨江桥段。跨江桥桥面标高 1666m，桥上设置一条普通带式输送机，带式输送机输送起终点分别为点 B 和点 C，处于跨江桥左岸桥头、右桥桥头，桥面标高 1666m。

(3) 江右岸段。

起点 C：跨江桥右岸桥头，桥面标高 1666.00m。

终点 G：右岸大坝高线混凝土系统受料的带式输送机所在平台，标高 1975.00m。

右岸段线路均采用全程隧道运输，总长约 4.4km。在现有的 5 号公路 3 号隧道的上部设置一条普通带式输送机，长约 1.5km，其下方保证 5m 净空，不影响下方的正常行车。

右岸新建隧洞的长度约 2.75km，采用了两条管状带式输送机，满足右岸段线路要求。

3. 带式输送机系统布置

骨料输送系统承担锦屏一级水电站左岸印把子沟的人工骨料输送到雅砻江右岸的高线混凝土系统的输送任务，服务期约为 6 年。骨料输送系统的工艺布置本着工艺技术先进、运行可靠、高效经济、尽量不影响现有主要的永久设施的原则，而且充分考虑到与水电站其他相关系统的相互协调，保证输送系统通顺。

物料输送系统全程采用连续运输，由江左岸段、跨江桥段、江右岸段运输系统组成。

（1）根据锦屏一级水电站总体工艺布置的要求，骨料输送系统线路必须满足以下条件：

1）系统的起点 A、终点 G 已确定。

2）江左岸的转载点有点 A 和点 B。

3）跨江的 102 号普通带式输送机中心线的位置已确定；102 号普通带式输送机头、尾部转载点为点 C 和点 B，头部转载点 C 在江右岸，点 C 位置已确定。

4）进入江右岸后第一条带式输送机即 103 号管状带式输送机，其所在隧道中心线与现有 3 号公路 1 号隧道中心线交点 J 位置已确定，点 J 处于点 C 与点 D 之间；点 D 为 103 号管状带式输送机头部与 104 号带式输送机之间转载点，设在棉纱沟。

5）104 号普通带式输送机设在江右岸现有的 5 号公路 3 号隧道内，其与 106 号管状带式输送机之间转载站设在道班沟；106 号管状带式输送机头部卸料点 G 位置已确定，点 G 即骨料输送系统向高线混凝土系统卸料点。

6）需要考虑锦屏二级水电站混凝土系统及引水隧洞施工。

成品骨料运输系统需从左岸印把子沟砂石加工系统 1710.00m 高程出料，由带式输送机经跨江桥分别运输至右岸大坝高线混凝土系统 1975.00m 高程处的粗骨料竖井及棉纱沟低线混凝土系统物料仓储存。总运输提升高度约为 265m，输送距离约 5.4km，其中位于雅砻江左岸线路长度约 1km，右岸线路长度约 4.4km，带式输送机跨江悬索桥位于 1666.00m 高程，长约 110m，连接两岸输送线路。线路系统中除跨江桥及 1 号、4 号、5 号转载站在地面外，其余均在隧洞内。

系统由 101 号、102 号、104 号、105 号四条普通带式输送机和 103 号、106 号两条管状带式输送机组成。101 号、102 号、105 号普通带式输送机沿地面安装，总水平长度为 1.21km；104 号普通带式输送机吊挂在隧洞顶部，水平长度 1.56km；103 号、106 号管状带式输送机布置在专用隧洞里，总水平长度 2.74km。

跨江桥段上采用 102 普通带式输送机，将上一级带式输送机输送的骨料转载给右岸的 103 号管状带式输送机；江右岸段带式输送机全部设置在隧道内，5 号公路 3 号隧道段为 104 号普通带式输送机，承接 103 号管状带式输送机输送的骨料，转载给 105 号普通带式输送机；最后由 106 号管状带式输送机完成整个输送系统的卸料。

（2）该运输线路规划分江左岸段（包括跨江桥段）和江右岸段两部分。

1）江左岸段（包括跨江桥段）。江左岸段建、构筑物包括 1 号转载站、101 号普通带式输送机及 2 号转载站。

受料点在印把子沟处辅助路左侧的高山上。线路长达约 1000m，全线隧道。

待建的跨雅砻江的带式输送机栈桥，桥长大约 110m，桥面高程 1666.50m，102 号普通带式输送机设在栈桥的中心线上，通过隧道与 3 号转载站相连。

2）江右岸段。江右岸段建、构筑物包括 2 号转载站、3 号转载站、4 号转载站、5 号转载站、6 号转载站、103 号管状带式输送机、104 号普通带式输送机、105 号刮板输送机及 106 号管状带式输送机。

右岸起点为跨江桥右岸桥头，桥面高程 1666.50m，终点为右岸大坝高线混凝土系统受料的带式输送机所在平台，高程为 1975.00m。根据右岸地形，右岸段线路只能采用全程隧道运输，利用现有的 5 号公路 3 号隧道设一条带式输送机，此隧道处在右岸输送线路中间部位，长约 1.5km，利用该输送机能使新建隧洞的工程量仅有 2.75km，既节省投资又缩短建设工期。

江右岸段线路有 2 个新建转载站。5 号公路 3 号隧道进出口处是在右岸输送线路上仅有的 2 个峡谷，2 个转载站既设在露天处，又处于现有公路旁，既节省维修道路，又方便运输、安装、维修，另外 2 个转载站处于江右岸段线路的起终点，均布置在隧道内。骨料输送系统输送线路如图 4.5 所示。

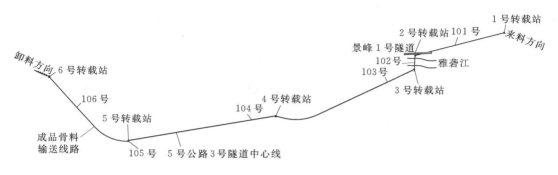

图 4.5　骨料输送系统输送线路简图

对于带式运输系统的线路、工艺布置，本着工艺技术先进、运行可靠、高效经济的原则，并且充分考虑与水电站其他相关建筑物之间的相互协调，采用可行、合理的线路，确保为带式运输系统的土建施工和运行维护提供方便。

水电站工程区内河道狭窄，两岸山体雄厚，基岩裸露，坡陡谷窄。受工程地形条件所限，带式运输线路明线布置方案较难实施，且明线布置受工程其他部位施工干扰较为突出，故带式运输系统线路基本都考虑布置于胶带机隧洞内，施工干扰较小，且运行管理环境易封闭，对环境影响较小。

带式运输系统全程采用连续运输。根据地形条件和场内交通等因素，确定带式运输线路。运输系统全程由 6 条带式输送机组成，头尾共设 6 个转载站。线路经由左岸胶带机隧洞，通过胶带机跨江桥，再经右岸胶带机 1 号隧洞、5 号公路 2 号隧洞、右岸胶带机 2 号隧洞至大坝右岸高线混凝土系统 1975.00m 高程的骨料竖井顶部廊道。在带式运输系统线路上，左岸胶带机隧洞、右岸胶带机 1 号和 2 号隧洞均为新建隧洞。全线穿越了场内交通 2 号公路隧洞、锦屏二级进水口施工支洞、对外交通 AB 洞、5 号公路隧洞等地下洞室，并通过新建胶带机跨江桥实现左、右岸的衔接。

（3）骨料运输系统线路分三段进行布置，分别为：江左岸段、跨江桥段、江右岸段。

1）江左岸段布置。

起点 A：印把子沟人工骨料加工系统供料处。骨料运输系统的受料点 A 设在印把子沟处的辅助路的远离江侧，此区域还布置有锦屏水电站的另两个系统：锦屏二级水电站二级混凝土系统、锦屏一级水电站印把子沟砂石加工系统。

终点 B：跨江桥左岸桥头，桥面标高 1666.00m。

点 A 和点 B 之间高差－41.5m，线路水平距离约 970m。江左岸的地形多变：靠江侧约有 700m 长的露天段 2 号公路，在 2 号公路的景峰 1 号隧道与印把子沟之间，称为辅助路；在辅助路远离雅砻江侧是坡度 70°左右的山体；在跨江栈桥桥头远离江侧有 2 号公路的景峰 1 号隧道。

对于江左岸的运输线路设置和输送设备有如下考虑：

a. 江左岸段线路采用带式输送机输送骨料，输送带采用钢绳芯输送带，既遵循了输送带国产化的原则，又降低了输送带的投资。

b. 对于锦屏二级水电站施工时可能会有安全问题的骨料运输线路区段，全部在隧道内设置；新建隧道的设置尽量不影响和改造景峰 1 号隧道，而且尽量考虑两条隧道间的设计安全距离。

c. 骨料运输系统的受料点 A 所在区域布置有锦屏水电站的另两个系统：锦屏二级水电站二级混凝土系统、锦屏一级水电站印把子沟砂石加工系统，如印把子沟处运输线路采用露天明线运输，为保证线路不干涉，将受料点 A 沿锦屏一级水电站印把子沟砂石加工系统运输线路向靠近江边侧作适当移动即可。

基于以上考虑和地形条件，本着工艺布置简单、经济合理的原则，采用如下方案：为了避开在景峰 1 号隧道进口附近的复杂地形，将 101 号普通带式输送机分为两条普通带式输送机 101－1 号和 101－2 号；输送机主体全部设置在江左岸山体的隧道中；101－2 号普通带式输送机线路在 102 号带式输送机中心线延长线上，跨越景峰 1 号隧道；由于输送系统需在跨江悬索桥上通过，悬索桥有摇摆现象，为避免输送机输送时出现跑偏撒料现象，101－2 号和 102 号两条普通带式输送机分开设置。并在以上方案基础上进行局部修改：将 101－2 号和 102 号两条普通带式输送机合并为一条输送机，即 102 号带式输送机，和 2 号公路景峰 1 号隧道相交，从其顶部横向穿过，转载点 B 在景峰 1 号隧道靠山一侧，该方案中的 102 号普通带式输送机调整为从景峰 1 号隧道底部穿过，同时将跨江栈桥桥面高程调整至 1666.00m。左岸输送线路的平面布置图如图 4.6 所示。

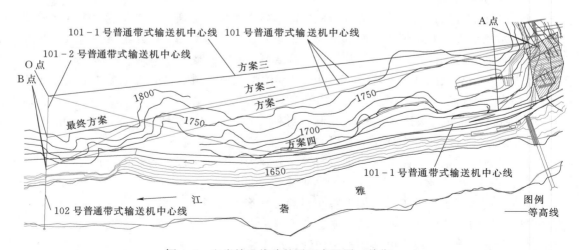

图 4.6　左岸输送线路的平面布置图（单位：m）

江左岸段线路输送机主要技术参数见表 4.1。

表 4.1　　　　　　　　　　　　江左岸段线路输送机主要技术参数

主要技术参数	方案一	方案二	方案三		方案四	最终方案
	101 号普通带式输送机	101 号管状带式输送机	101-1 号普通带式输送机	101-2 号普通带式输送机	101-1 号普通带式输送机	101 号普通带式输送机
带宽（管径）/mm	1200	1850（φ500）	1200	1200	1850（φ500）	1200
带速/(m/s)	3.5	4	3.5	3.5	4	3.5
水平机长/m	968.929	978.489	967.323	147.203	998.778	967.323
提升高度/m	−26.291	−25.251	−35.789	0	5.75	−35.789
电机功率/kW	250	450	250	160	710	250
驱动所在位置	头部	头部	头部	头部	头部	头部
输送带型号	ST800	ST630	ST800	ST800	ST800	ST800
拉紧形式	液压拉紧	液压拉紧	液压拉紧	重锤拉紧	液压拉紧	液压拉紧
拉紧所在位置	头部	头部	头部	头部	头部	头部

2）垮江桥段与江右岸段布置。

跨江桥段布置如下：

起点 B：跨江桥左岸桥头，桥面标高 1666.00m。

终点 C：跨江桥右岸桥头。

跨江桥上带式输送机为 102 号普通带式输送机，长约 200m。考虑到悬索桥的柔性特点，风载有可能出现 100mm 左右的摆动，采用吊挂托辊、半固定式中间架结构形式。

江右岸段布置如下：

起点 C：跨江桥右岸桥头，桥面标高 1666.00m。

终点 G：江右岸大坝附近高线混凝土系统，高线混凝土系统受料的带式运输机所在平台标高 1975m。

据右岸地形，右岸段线路均布置在隧道内，总长约 4.4km，经前期的方案比较，确定利用现有的 5 号公路 3 号隧道设一条 104 号普通带式输送机，此隧道处在右岸输送线路中间部位，长约 1.5km，右岸新建隧洞仅长 2.75km，缩短了建设工期，同时也为了满足锦屏一级水电站总体工艺布置，采用了 103 号、106 号两条管状带式输送机，可以以较小曲率半径平面转弯，满足右岸段线路要求。

103 号、106 号管状带式输送机主体沿新建隧道地面设置，104 号普通带式输送机设置于现有 5 号公路 3 号隧道的上空，下方保证 5m 净空，不影响 104 号普通带式输送机下方的正常行车，104 号普通带式输送机的断面结构如图 4.7 所示。

江右岸段线路的起点 C、终点 G 所在转载站（3 号、6 号转载站）均设于隧道内。

江右岸段线路中部设有两个转载站：4 号转载站和 5 号转载站。4 号转载站即 103 号管状带式输送机机头转载站，设置在棉纱沟。棉纱沟是 5 号公路 3 号隧道进口处、3 号公路 1 号隧道进口处，此处 5 号公路露天段长约 60m，路宽 12m，路面标高 1788.00m；5 号转载站即 104 号普通带式输送机机头转载站，设置在道班沟。道班沟是 5 号公路 3 号隧道出口处、5 号公路 4 号隧道进口处，此处 5 号公路露天段长约 34m，路宽 12m，路面标高 1862.00m。

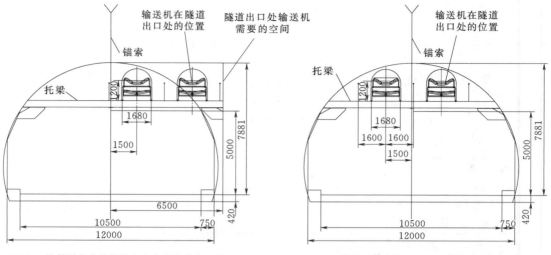

(a) 104 号普通带式输送机向右偏离隧道中心线 1.5m　　　(b) 104 号普通带式输送机向左偏离隧道中心线 1.5m

图 4.7　104 号普通带式输送机的断面结构图（单位：mm）

（4）4 号、5 号两个转载站设在右岸输送线路上的棉纱沟和道班沟两峡谷露天处，既避免了维修机道，又方便运输、安装、维修，但也给右岸线路的设计增加了难度。

1）设计方案。5 号公路 3 号隧道在道班沟隧道出口段有约 40m 长的圆弧段，向左（靠近江侧）走向，受此圆弧段的位置和道班沟露天段长度所限，104 号普通带式输送机不能采用管状输送机结构形式。

因此，在现有的 5 号公路 3 号隧道内 104 号普通带式输送机线路的设置有如下两种方式：

a. 104 号普通带式输送机中心线向右偏离隧道中心线 1.5m（在隧道远离江侧），隧道出口段需改造。

b. 104 号普通带式输送机中心线向左偏离隧道中心线 1.5m（在隧道靠近江侧），隧道出口段不需改造。

这两种情况下 104 号普通带式输送机的断面结构如图 4.7 所示。

104 号带式输送机中心线向右偏离 4 号隧道中心线 1.5m，5 号公路 3 号隧道出口需要改造。设置在棉纱沟的 4 号转载站，不占路，也不改造 3 号公路 1 号隧道进口，在 103 号管状带式输送机处新建隧道可满足与现有的 3 号公路 1 号隧道之间的设计安全距离。设置在道班沟的 5 号转载站，如不占路，则不能保证 106 号管状带式输送机处新建隧道与现有的 5 号公路 4 号隧道之间的设计安全距离，下面分三种情况加以简述。

a. 加大 106 号管状带式输送机中心线与 5 号公路 4 号隧道中心线之间夹角，来保证隧道间设计安全距离，如图 4.8 所示。但 106 号管状带式输送机平面弯曲角度 85°，超出规范要求，降低了 106 号管状带式输送机的部件寿命，需增加输送机日常维护。

b. 加大 104 号普通带式输送机机头卸料点 E 点与 106 号管状带式输送机尾部受料点 F 点之间距离，通过加长溜槽来实现，平面布置如图 4.9 所示，5 号转载站立剖面如图 4.10 所示。但 5 号转载站底层标高 1850.37m，比路面低 12m。

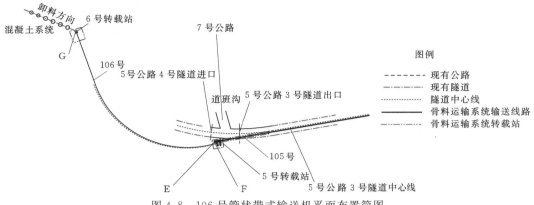

图 4.8　106 号管状带式输送机平面布置简图

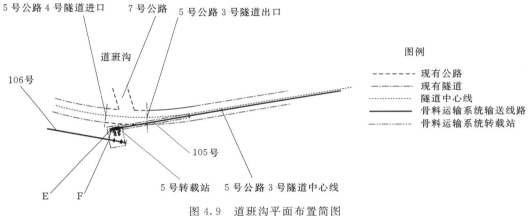

图 4.9　道班沟平面布置简图

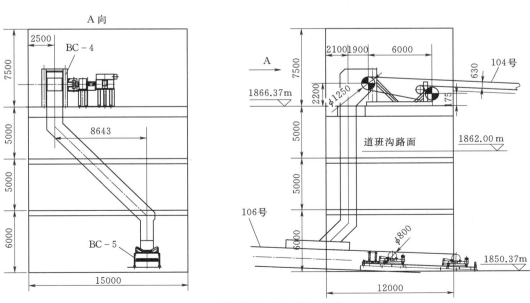

图 4.10　5 号转载站立剖面图（单位：mm）

c. 加大 104 号普通带式输送机机头卸料点 E 点与 106 号管状带式输送机尾部受料点 F 点之间距离，在 104 号普通带式输送机和 106 号管状带式输送机之间增加一台 105 号刮板输送机，5 号转载站底层标高完全可以与路面同标高。但输送线路增加了一级转载，骨料输送系统运行的可靠性有所降低。

d. 104 号普通带式输送机中心线向左偏离 4 号隧道中心线 1.5m。

5 号公路 3 号隧道出口不需改造。设置在棉纱沟的 4 号转载站，如不占路，则需改造 3 号公路 1 号隧道口，如图 4.11 所示；不改造 3 号公路 1 号隧道口，则必须占路，为保证 103 号管状带式输送机处新建隧道与 3 号公路 1 号隧道之间设计安全距离，必须加长 103 号管状带式输送机与 104 号普通带式输送机之间的转载溜槽。

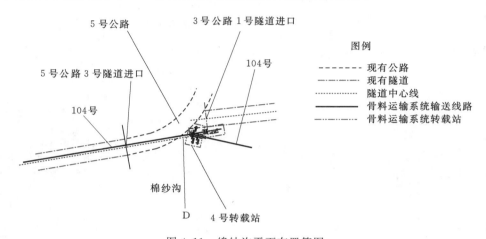

图 4.11　绵纱沟平面布置简图

2）方案比选。设置在道班沟的 5 号转载站，如不占路，则必须改造 5 号公路 4 号隧道口，否则必然会占路。106 号管状带式输送机处在新建隧道与现有的 5 号公路 4 号隧道之间无法保证设计安全距离。因此，经过方案比选后，最终确定 104 号普通带式输送机线路的设置方案为：104 号普通带式输送机中心线向左偏离 4 号隧道中心线 1.5m；在 104 号普通带式输送机和 106 号管状带式输送机之间加一台 105 号刮板输送机，保证隧道间的设计安全距离；不改造现有隧道；如不得已可以占路，但不超过 3m。

3）主要技术参数。跨江桥段、江右岸段线路输送机主要技术参数见表 4.2。

表 4.2　　　　　　　　跨江桥段、江右岸段线路输送机主要技术参数

名　　称	102 号普通带式输送机	103 号管状带式输送机	104 号普通带式输送机	105 号刮板输送机	106 号管状带式输送机
带宽（管径）/mm	1200	1850（ϕ500）	1200	2000	1850（ϕ500）
带速/(m/s)	3.5	4	3.5	0.91	4
水平机长/m	215.861	1589.813	1578.24	10.400	1133.726
提升高度/m	0	145.869	74.293	2.4	120.954
电机功率/kW	160	3×900	2×710	132	3×710

名　称	102 号普通带式输送机	103 号管状带式输送机	104 号普通带式输送机	105 号刮板输送机	106 号管状带式输送机
驱动所在位置	头部	头部	头部	头部	头部
输送带型号	ST800	ST2500	ST2500		ST1600
拉紧形式	重锤拉紧	液压拉紧	液压拉紧	螺旋拉紧	液压拉紧
拉紧所在位置	头部	头部	尾部	尾部	头部

4. 管带输送机设计

带式输送机系统全程由 6 条带式输送机组成，分别为 101 号、102 号、103 号、104 号、105 号、106 号胶带机。其中 101 号、102 号、104 号、105 号为普通带式输送机，103 号、106 号为管状带式输送机（简称管带机）。

（1）为了适应锦屏一级工程陡峻的地形条件，103 号、106 号输送机采用管状带式输送机进行小半径平面转弯，这在国内水电行业是首次使用。选用这两条管状带式输送机，充分利用了管状带式输送机可实行平面转弯的特点，解决了胶带机线路布置的衔接问题，使得整个带式输送机系统线路顺畅，也减轻了土建隧洞工程的施工难度。此外，管状带式输送机比普通输送机提升角度大，具备更强的爬坡能力，能更好地适应锦屏陡峻的地形条件。与普通带式输送机相比，管带机具有如下优点：

1）环保功能。运输物料完全被输送带封闭，输送物料不会造成环境污染。

2）小半径弯曲能力。与普通带式输送机相比，管带机的一个重要优点就是小半径弯曲功能。当带式输送机方向急剧发生变化时，不需要设转载站，托辊围在输送带周围，输送带可在任意方向弯曲，同时取消转载站后，也节省了给料斗、附加滚筒、收尘设备等其他附加设备，还使物料损失显著减少，更重要的是避免了转载站的维护问题。

3）大角度倾斜能力。与普通带式输送机相比，管带机具有更大的倾斜能力，由于管带机胶带是圆形断面，增大了输送物料与胶带的接触面积，使输送物料输送倾角增大 50%，最大角度可达 30°。倾斜角度越大，输送机长度越短，便越节省投资，使管带机成为在空间和性能受限情况下唯一可行的物料运输方案。

4）回程中的输送带呈管状。管带机的回程也呈管状，输送带被卷起来，搭接部分处于圆管底部，这不仅使输送带同承载侧一样通过相同的路线，也使输送带脏的一面被包裹起来，物料洒落的可能性极小。

5）输送能力与更大的普通胶带机相同。管带机的输送能力，通常与带宽是其管径 2.5~3 倍的普通带式输送机相同。例如，一条管径为 300mm 的管带机，与带宽为 800mm、托辊槽角 20°、倾斜角为 20°的普通带式输送机的输送能力相同，而管带机的支架只有 635mm 宽，普通带式输送机的支架最小为 1050mm 宽。在输送机安装空间受限制的隧道中，采用管带机可使隧道横断面减小。

6）使用标准部件。管带机可采用与普通带式输送机相同的标准部件，由于管带机的头、尾及拉紧滚筒处是平行的，而带速也一致，所以可采用标准的普通带式输送机的滚筒、轴承及驱动装置。

7）上下行程同时输送。与普通带式输送机一样，管带机除上行程可输送物料外，下行程也可输送物料。为了在回程中输送物料，必须把输送带翻转180°，以便使搭接部分在上面，且输送带脏的一面仍然在里侧。这样虽然要增加滚筒和驱动装置，但安装一台管带机比安装2台普通带式输送机更经济。

8）管带机运输相比汽车运输其运输成本节约50%以上，且自动化程度高，其保证性高。

（2）主要技术参数。102～106号（管）带式输送机主要参数见表4.3。

表4.3 102～106号（管）带式输送机主要技术参数

名　称	101号普通带式输送机	102号普通带式输送机	103号管状带式输送机	104号普通带式输送机	105号普通带式输送机	106号管状带式输送机
带宽（管径）/mm	1200	1200	1850（φ500）	1200	1200	1850（φ500）
带速/（m/s）	3.5	3.5	4	3.5	0.91	4
水平机长/m	967.323	215.861	1589.813	1578.24	100.40	1133.726
提升高度/m	−35.789	0	145.869	74.293	2.4	120.954
电机功率/kW	250	160	3×900	2×710	132	3×710
驱动所在位置	头部	头部	头部	头部	头部	头部
输送带型号	ST800	ST800	ST2500	ST2500		ST1600
拉紧形式	液压拉紧	重锤拉紧	液压拉紧	液压拉紧	螺旋拉紧	液压拉紧
拉紧所在位置	头部	头部	头部	尾部	尾部	头部

其中，103号、106号管带机均布置于专用隧洞中。103号管带机尾部高程为1661.50m，提升高度为146.838m，两端直线段长度分别为1143.76m，中间为曲线段，其曲线半径为550m，圆心角为40°。106号管带机尾部高程1860.27m，提升高度为40.739m，中间为曲线段，其曲线半径为450m，圆心角为45°。103号和106号管带机主要技术参数见表4.4和表4.5。

表4.4 103号管带机主要技术参数表

项　目		单位	数值	项　目	单位	数值
物料	名称		人工砂、碎石	电动机 型号		YVP500−4
	粒度	mm	0～150	功率	kW	3×900
	堆比重	t/m³	1.5～1.6	额定电压	kV	690
管径（带宽）		mm	500（1850）	额定转速	r/min	1500
带速		m/s	4	驱动装置型号		B3SH16+F+N
运量		t/h	2500	驱动装置速比		25
水平长		m	1603.653	制动装置		YWZ5−710/301
提升高		m	146.838	传动滚筒直径	mm	φ1250
倾角		（°）	5.22°	托辊直径	mm	φ159
输送带规格			ST2500	拉紧装置		液压拉紧

表 4.5   106 号管带机主要技术参数表

项　　目		单位	数值	项　　目		单位	数值
物料	名称		人工砂、碎石	电动机	型号		YVP500-4
	粒度	mm	0~150		功率	kW	3×710
	堆比重	t/m³	1.5~1.6		额定电压	kV	690
管径（带宽）		mm	500（1850）		额定转速	r/min	1500
带速		m/s	4	驱动装置型号			H3SH15+F+N
运量		t/h	2500	驱动装置速比			25
水平长		m	1134.360	制动装置			YWZ5-710/301
提升高		m	126.966	传动滚筒直径		mm	φ1250
倾角		(°)	6.18°	托辊直径		mm	φ159
输送带规格			ST1600	拉紧装置			液压拉紧

（3）管带输送机设计。

1）设计要求。

a. 管带机设计要求。凡与驱动力和胶带张力有关的管带机钢结构和零部件按电动机的铭牌和输送带最大张力及有关规范进行设计。胶带张力由 6 种工况的计算结果决定：满载（包括重载等其他最不利的情况下）起动、运行、制动和空载起动、运行、制动。

管带机工作时，输送带的卷合状态应良好，不应有缝隙、过卷、扁管等现象，必须有保证输送带在任何工况下不产生扭转的有效措施，特别是管带机保证运行工况下的转弯、上坡运行，不得出现掉料、扁管等超过范围的扭转现象。

在所有正常工况下均能安全、持续运行，设备结构紧凑，但应便于日常维护和检修，设备零部件的品种、规格少，互换性能好。

b. 普通带式输送机主要由输送带、驱动装置、传动滚筒、改向滚筒、托辊、拉紧装置、清扫器、机架、输送机罩、机头溜槽和导料槽以及安全保护装置等组成。管状带式输送机与其基本一致，但在头、尾部过渡段之间采用专用托辊组（专用于 103 号、106 号管带输送机）DG500C1159，并设置有压带装置。

c. 103 号、106 号管带机的管带机头、尾部均设过渡段，即由普通胶带机向管带机转变和由管带机向普通胶带机转变，头部过渡段长约 34m，尾部过渡段长 4m。

2）管带机胶带设计参数。

a. D500、强度 2500N/mm² 的管带是首次在国内水电工程中使用。为确保胶带质量满足系统要求，使用了具有国际先进水平的钢绳芯胶带。

b. 管带机采用专用钢丝绳芯输送带，输送带应满足运行工况下的刚度和柔性要求；应具有可靠的荷载支承性和良好的成管性，应保证在各种工况（如：输送量变化、输送物料粒度不同及平竖曲线段运行）条件下承载与回程带的管状特征；管状输送带的耐磨性、抗冲击性及抗疲劳强度必须长期满足运行工况的要求。胶带性能参数见表 4.6。

c. 胶带横向刚度直接关系到管带的可靠运行，横向刚度值偏大，正常运行损失后胶带不宜出现塌管，但对托辊正压力大，胶带与托辊之间的摩擦力增大，对带强和电机功率有一定的影响；横向刚度值偏小，运行刚度值损失后胶带可能塌管。所以，选取合理的横向刚度值非常重要。通过对国内外管带横向刚度调研，并结合专家意见，经多方论证，锦屏管带横向刚度值取值范围为 26～32g/mm。

d. 钢丝绳芯输送带各钢丝绳的张力应该非常均匀，钢丝绳的黏合强度必须满足使用要求。钢丝绳芯输送带的安全系数在正常运转时不小于 7，伸长率不大于 0.2%。

103 号、106 号管状带式输送机胶带主要性能参数见表 4.6。

表 4.6　　　　　103 号、106 号管状带式输送机胶带主要性能参数表

项目	带宽/mm	胶带重量/(kg/m)	胶带横向刚度值/(g/mm)	胶带总厚度/mm	上覆盖胶层厚度/mm	下覆盖层胶层厚度/mm	钢丝绳芯直径/mm	钢丝绳间距/mm
ST2500	1850	59.8±1.0	(2000～2400)×75	19.8±1.0	8	6	5.8	12±1.5
ST1600	1850	50.1±1.0	(2000～2400)×75	19.8±1.0	8	6	4.2	12±1.5

项目	钢丝绳与橡胶的黏结强度/(N/mm)	胶带延伸率/%	胶带覆盖层扯断强度/MPa	胶带覆盖层扯断伸长率/%	胶带疲劳强度/次	横向刚性调整层/mm	最小撕裂力/(N/mm)
ST2500	≥105	≤2	≥24	≥450	≥10000	3	17
ST1600	≥95	≤2	≥24	≥450	≥10000	2	17

3）胶带设计。胶带是保护管状带式输送机最重要的部件，在设计中进行了以下考虑：

a. 为提高表面的抗磨耗性，在标准管状带的基础上加厚了覆盖胶层厚度。

b. 采用大转弯半径（最小 $R=450\text{m}$）减少胶带的弯曲应力，同时在水平弧段按照 0.5 倍标准托辊间距布置六边形托辊组，使胶带在水平转弯段平滑过渡，不出现明显折线。

c. 适当加大头尾过渡段的距离，减少胶带边缘的过渡张力。

d. 采用聚氨酯材料的清扫器和导料槽，保护胶带免受刮伤。

e. 设置了防止胶带嵌入托辊间隙引起的损坏措施，主要有：①专用托辊间的间隙在理论上按零间隙设计，安装时不超过 1mm；②在转弯部分每隔 3～4 个窗式框架，在胶带的搭接处的两个专用托辊间加一个专用托辊，使胶带边不能到达两专用托辊的间隙处，从而完全有效地防止胶带嵌入；③在转弯部分，间隔 6 组设置平底尖底组合型托辊；④在头尾过渡段最后成形托辊组采用平底尖底组合型托辊。

4）托辊及其间距。管带机管状段采用六边形管状带式输送机专用托辊组，为了保证胶带顺利成型，还应设置角度可调的导向托辊和纠偏托辊，如图 4.12 所示。

管带机的管状段托辊采用外径为 159mm，轴承孔径为 30mm 的托辊，托辊长度按管状输送带机的管径确定。正常段托辊组间距小于 2000mm；成弧段托辊组间距为标准间距的 0.5～0.7 倍；对于非管状段的托辊组应按管状输送带打开时的相应带宽要求配置托辊组；未成形区承载段前倾托辊组的布置比例为未成形区承载托辊组总数的二分之一。

5）弯曲设计。由于普通带式输送机的显著特点是可以进行小半径转弯，从而具有较小的外形轮廓。管带机输送带过渡段必须是直线段，输送带四周完全被周围的托辊约束，与普通带式输送机相比不会发生跑偏现象。

　　管带机弯曲半径通常由圆管直径、输送带类型及使用的弯曲类型决定。半径的最终决定，主要取决于设计人员对管带机的静态、动态张力情况和采用的弯曲类型的综合考虑。

　　6）驱动方式。采用软启动装置，全部软启动装置选用变频驱动方式。驱动装置由电动机、减速器、联轴器、制动器、逆止器等构成。其布置应合理，既能满足管带机布置的要求，又能够满足满载工况下安全、稳定启停机的要求。管带机设计为头部双滚筒三电机驱动。

　　锦屏管带机窗式托辊组图如图4.12所示。

　　7）结构架设计。输送机的滚筒支架、拉紧装置支架、传动装置支架应有足够的刚度和强度，其制造误差不得超过有关标准的要求。制造所使用的板材与型材必须选用优质钢材，并经过钢材预处理，材料的预处理必须采用喷丸或喷砂除锈处理，除锈等级应达到《涂覆涂料前钢材表面处理　表面清洁度的目视评定　第1部分：未涂覆过的钢材表面和全面清除原有涂层后的钢材表面的锈蚀等级和处理等级》（GB/T 8923.1—2011）标准的规定。支架焊接工艺应符合有关标准要求，主要受拉的焊接部位应进行探伤检查，焊缝应坚固、美观、均匀。对于长距离管带机，由于环境温度变化会引起结构架伸缩变形，多采用铰接等结构连接方式，如图4.13所示。

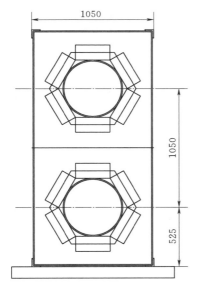

图4.12　锦屏管带机窗式
托辊组图（单位：mm）

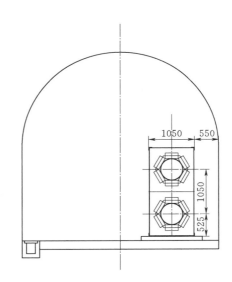

图4.13　锦屏隧道内管带机
结构架图（单位：mm）

　　8）关键技术。

　　a. 输送胶带设计。根据输送物料的性质，输送带的覆盖层材料应该具有很好的防切割性和耐磨蚀性。锦屏一级成品骨料长距离带式输送机系统输送带全采用钢丝绳芯输送带，其安全系数在正常运转时不小于7，输送带的上、下覆盖输送带厚度不得小于6mm。管状带式输送机采用专用钢丝绳芯输送带，能满足运行条件下的刚度和柔性要求。输送带不仅有良好的荷载支承性和成槽性，还保证输送机运行中输送带的成管性、成管的保持性良好；管状带式输送机输送带的弹性和抗疲劳性能要求更高，应能满足工况变化的要求。

b. 驱动方式。对于长距离、大运量、高带速的带式输送机，采用何种起动方式尤为重要。近年来国内外所采用的先进、可靠的主要软起动方式有三维电磁场仿真软件（CST）和变频调速等多种方式。CST 是专为重载带式输送机设计的机电液一体化驱动系统，采用机械方式控制带式输送机起动和制动过程中的加、减速度，不受载荷的影响，有足够长的起动和停车时间，减少对电网的冲击；可降低带强；并具有过载控制、负载平衡和输送带张力控制等功能，可以延长带式输送机的使用寿命。变频调速驱动是通过改变供电频率来实现调速，实现对输送机起动、制动及运行过程的软控制，起动、制动时间较长，可实现变速运行。在锦屏一级成品骨料长距离带式输送机系统中，除了长度较短的 102、105 胶带机，其余长胶带机均采用 CST 或者变频调速软起动，保证了胶带机的可靠运行，使用寿命长且维护简单。

4.2.2.2 瀑布沟水电站胶带机运输

瀑布沟大坝碎石土心墙料来源于黑马料场，上坝公路运输距离约 18km，并需要修建黑马沟口至黑马料场满足运输需要的高强度道路，而且要经过居民区和黑马营地，运输干扰大。根据地形条件，修建黑马料场至哇古罗沟的 4km 皮带机运输隧洞可以节省 14km 的公路运输，利用皮带机连续运输结合转料平台能满足施工强度运输要求。具体为：4m³ 挖掘机挖装，32t 自卸汽车运输，运距 1.5km 到筛选加工场地，条筛筛去粒径大于 80mm 的颗粒，TD75 皮带机运输 1.0km 至地下皮带机隧洞口，经过钢绳芯长皮带机运输 4.0km（带宽 800mm，带速 3.15m/s）到转运场地，通过摇臂堆料机装车，32t 自卸汽车运输 3.5km 上坝。

1. 筛分系统设计

筛分系统设计由一次筛分和二次筛分系统组成。筛分系统平面布置如图 4.14 所示。一次筛分包括自制条筛、接料斗、转运皮带机及电气控制系统。二次筛分系统主要由转运皮带机、砾石土专用振动筛、电气控制系统等组成。筛分系统工艺布置如图 4.15 所示。

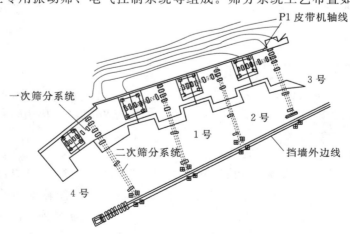

图 4.14　筛分系统平面布置图

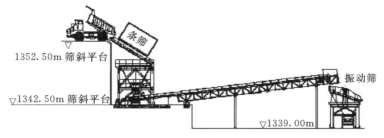

图 4.15　筛分系统工艺布置图

2. 筛分主要设备

(1) 条筛。单个条筛尺寸为 4.5m×6m（长×宽），由轻型钢轨制作。筛条之间间距调整到满足砾石土料粒径 300mm 的要求后，用螺栓固定。为防止石头卡筛条，特将轻型钢轨倒置摆放。目前，国内没有砾石土物料的筛分资料，在过筛面积一定的情况下，条筛的倾斜角度成为保证筛分质量与效率的重要设计参数。通过试验确定 30°～34° 为黑马料场砾石土料最佳过筛角度。

(2) 砾石土专用振动筛。砾石土料通过专用振动筛再次筛分，可以得到粒径小于 80mm 或者 60mm 的砾石土料。振动筛的工作原理是靠激振器使筛面产生高频率低振幅的振动来进行物料筛选。由于筛面作剧烈的振动，筛面上的物料颗粒发生相对位移，料层有离析现象，并且松散，同时颗粒与筛面之间也存在相对运动，颗粒不致卡住筛孔，物料通过筛孔的概率增多，筛分效率和生产率得以提高。

3. 带式输送机布置

(1) 黑马皮带机洞。黑马皮带机洞进口位于黑马区潘泽洛村乃巫组，高程为 1250.00m，出口位于大坝坝址上游的娃古洛沟附近，高程为 790.00m，隧洞横断面尺寸为 4m×3m（宽×高），洞身采用混凝土全断面衬砌。皮带机洞水平长度 3985.84m，落差 460m，倾角为 11.5%（$\beta=6.6°$）。

(2) 带式输送机系统。瀑布沟水电站黑马砾石土料场输送系统主要由黑马料场至黑马隧洞进口皮带机输送系统、黑马皮带机洞洞内长距离带式输送机系统、黑马皮带机洞出口中转料场堆料机等组成。长距离带式输送机系统带宽 1000mm，带速 4m/s，生产率 1000t/h。

瀑布沟水电站长距离带式输送机在运输强度、连续不间断下行、落差大、运距长等综合指标上，其设计、安装和运行管理均十分复杂。特别是解决长距离连续下行带式输送机的平稳启动和停车，减小启停过程中对输送带的冲击，延长设备使用寿命，采用电气控制系统避免误操作等关键技术问题，对保证系统安全、高效运行，确保大坝快速填筑施工具有重要意义。

4.3　立体交通网络布置技术

4.3.1　技术特点

水电工程场内交通是施工总布置的重要内容，其规划布置是否合理，不仅关系到一个水电站是否能够顺利开工,也关系到水电站建设实施过程中的工程投资、进度、质量及施工安全能否得到有效控制。

高山峡谷地区水电工程建设区地形地质条件差、远离人口稠密和交通发达地区,且工程规模大、场内交通运输量大、运输强度高、运输物料种类多,因此选择可靠经济的场内交通系统对工程建设的顺利进行尤为重要。

溪洛渡、锦屏一级、两河口等水电站场内交通系统布置充分利用地形、地质特征和现有交通条件,在狭窄空间范围内布置了大规模的立体交通网络,不仅满足了工程建设的需要,同时实现了加快工程进度、降低总投资和减少不安全因素的目的。

4.3.2　工程实践

4.3.2.1　溪洛渡水电站应用实例

1. 概述

溪洛渡工程施工期间的场内运输主要采用公路运输,场内公路主干线的规划结合水电站的对外交通、枢纽布置及施工进度、施工总布置安排综合考虑。水工枢纽在两岸各设地下发电厂房 1 座,两岸均布置有厂房、主变室、坝肩、进水口、开关站、尾水闸门井、尾水调压室、泄洪洞闸门井等,这些永久性建筑的布置高程为 410.00~870.00m,均需设置永久交通通道,另外还有大量的临建设施也需设置临时施工通道。

溪洛渡水电站工程巨大,土石开挖总量达 3981.42 万 m³(含准备期工程量,其中土石方明挖 2561.32 万 m³,石方洞挖 1420.1 万 m³),需寻找大量的场地堆弃;而 1345.02 万 m³ 混凝土骨料(约需毛料 4000 万 t)又需开采,势必带来严重的环保问题,为此,混凝土骨料经大量的科学试验与论证,决定采用大坝明挖及地下洞室群洞挖玄武岩渣料(大坝混凝土细骨料除外)人工轧制;结合工程布局与工程区上下游地形条件,在上下游人工骨料加工厂附近规划,布置了 5 个回采渣场及 1 个弃渣渣场,巨大的工程量和狭窄河谷地区给渣料调运及场内交通布置都提出了较高的要求。

结合上述工程的特点、施工方法的研究以及施工区场地布置,将场内交通规划为上、中、下,左、右岸立体交叉闭路循环网络。

2. 场内交通线路布置

主要的场内交通线路包括:左右岸低线公路、左右岸进厂交通洞及上延线、左右岸上坝公路、左右岸厂房进水口、坝肩出渣公路、开关站及缆机平台公路等。

(1)低线公路。

1)永久低线公路。

a. 左右岸进厂线。左右岸进厂线是从下游永久跨江桥的左右岸桥头通过进厂交通洞到达地下厂房及尾水调压室。左岸进厂交通洞从永久大桥上游约 1km 处进洞(高程 425.00m)到厂房安装间 376.50m 高程。右岸进厂交通洞从永久大桥上游约 1.5km 处进洞(高程 415.00m)到厂房安装间 376.50m 高程。

b. 尾水平台支线。从大坝下游约 1km 处,由左右岸低线公路进入到左右岸尾水洞出口平台 410.00m 高程。

c. 尾调交通洞线。从尾水平台支线 410.00m 高程到尾水调压室 419.50m 高程。

d. 对外交通连接线。从下游永久跨江大桥左岸桥头沿江下行，在距该桥 0.8km 左右的癞子沟渣场与对外交通线路相连。

2）临时低线施工公路。

a. 沿江低线。上游临时桥到下游永久大桥左右岸沿江公路。左、右岸沿江公路从上游临时桥（445.00m 高程）经左、右岸导流洞进出口与尾水平台联系洞到下游永久大桥（438.00m 高程）。该沿江公路在大坝坝肩开挖施工至 430.00m 高程以后，上下游交通将中断。

b. 低线交通洞上延线。左岸进厂交通洞延伸线将左岸低线进厂交通洞向上游延伸，与左岸沿江公路相接（436.00m 高程）。右岸交通洞延伸线将右岸低线交通洞向上游延伸，与上游临时桥（445.00m 高程）右岸桥头相接。上延线于第 8 年 11 月中 1 号、6 号导流洞下闸后与其同步进行封堵，从而终断上、下游低线交通。

c. 跨围堰支线。在上游围堰形成以前，跨上游围堰支线左岸从进厂交通洞延伸段（426.60m 高程）到围堰下游侧（高程 400.00m），右岸从交通洞延伸段（393.00m 高程）至上游围堰下游侧 400.00m 高程。上述两支线为围堰堆筑时的施工通道。

（2）高线公路。

1）永久高线公路。

a. 左、右岸过坝公路。左岸过坝公路从下游永久大桥经左岸上坝线、左岸上坝交通洞、并沿坝顶 610.00m 高程向上游延伸，经豆沙溪沟、黄桷堡、大戏厂接至雷波县公路。右岸过坝公路从下游永久大桥右岸经溪洛渡沟、右岸上坝线、右岸上坝交通洞、沿坝顶 610.00m 高程向上游延伸在 610.00m 高程出洞、沿上游高低循环线至上游临时桥右岸（445.00m 高程），使右岸上游的高低线公路相连。同时，此线在第 9 年汛前也可作为左右岸交通线，其后可作为至马家河坝的永久交通线。

b. 马家河坝支线。马家河坝在工程的施工期为右岸厂房上游的砂石加工厂、混凝土工厂以及可利用渣料的回采渣场，高程在 610.00m 以上。工程施工完毕后，该场地经过平整可用于永久的旅游开发或还耕。考虑永久性和施工期需要，从右岸上游过坝公路至马家河坝建一条支线，高程从 610.00m 接线至 640.00m 高程。

c. 永善支线。

右岸工程区与云南省的永善县毗邻，为进一步沟通与地方的联系，从右岸开关站支线的 700.00m 高程处接线至 755.00m 高程与原永善县的公路相连。

d. 厂房进水口支线。为满足厂房进水口闸门及泄洪洞进口闸门操作的需求，从左、右岸上坝交通洞的 610.00m 高程引一支线至左、右岸厂房进水口闸门操作平台 613.00m 高程并延伸至泄洪洞进口闸门操作平台 610.00m 高程。

e. 泄洪洞闸门井支线。为满足泄洪洞工作闸室闸门操作的需求，从左、右岸上坝交通洞的 600.00~605.00m 高程引一支线至左右岸泄洪洞工作闸室闸门操作平台 580.00m 高程。

f. 开关站支线。左岸开关站线：从左岸下游上坝公路交通洞口前约 600.00m 高程处接线至 840.00m 高程左岸开关站。

右岸开关站线：从右岸下游上坝公路交通洞口前约 590.00m 高程处接线至 870.00m

高程右岸开关站。

左、右岸开关站支线 730.00m 高程线为去缆机平台支线公路共用段。

g. 工程指挥部支线。从右岸开关站 870.00m 高程向前延伸至大坪 960.00m 高程的工程指挥部基地。

2）临时高线施工公路。

a. 缆机平台支线。从左、右岸的开关站支线公路 730.00m 高程接至左、右岸的缆机平台。

b. 拌和平台支线。从右岸上坝交通洞分别接至大坝高线混凝土系统 610.00m 高程的出料平台及 650.00m 高程的二次筛分平台。

（3）中线公路。

1）大坝出渣支线。左岸大坝 565.00m 出渣支线从泄洪洞闸门井支线接出。右岸大坝 565.00m 出渣线从右岸过坝公路的 570.00m 高程接线。

2）厂房进水口施工支线。左岸厂房进水口支线从左沿江低线公路上游段的 455.00m 高程处接线至左岸厂房进水口底部 516.00m 高程。右岸厂房进水口支线从上游高低循环 550.00m 高程处接至右岸进水口底部的 516.00m 高程。上游高低循环线在 610.00m 高程处与至马家河坝的高线路相接。

3）左岸上游高低循环线。为使左岸上游的高低线公路贯通，有利于场内交通运输，从左岸上游临时桥头（高程 445.00m）起接至左岸过坝公路豆沙溪沟上游的 610.00m 高程，使左岸场内交通形成高低循环线。

3. 跨河大桥

该工程在金沙江的左右岸均布置有永久性建筑物及施工临时性建筑物。为沟通左右岸的场内交通，需在金沙江上修建 2 座跨河大桥，在豆沙溪沟内修建 2 座跨沟桥。

（1）临时跨江大桥。在坝址上游约 3km 处，新建临时跨江大桥 1 座，桥面高程 445.00m，桥长 396.00m，以通行 45t 自卸汽车确定设计荷载为汽-80 级。该桥主要是为工程的施工期服务，在 1 号、6 号导流洞封堵后，于第 9 年 5 月前拆除。

（2）永久跨江大桥。在坝址下游新建永久跨江大桥 1 座，桥面高程 438m，桥长 400m，考虑大坝基坑开挖强度高，设计按 45t 自卸汽车出渣以及重大件运输的需要，选定的设计荷载为汽-80 级，挂-400。该桥为连接两岸的永久大桥。

（3）豆沙溪沟永久桥。左岸永久过坝公路（610.00m 高程）跨越了左岸上游的豆沙溪沟，既是施工期所需通道，也是连接左、右岸两县的永久通道，该公路需在沟内修建跨沟桥 2 座，桥面高程 610.00m，两桥总长 135m。由于至豆沙溪沟渣场的 45t 出渣重车不经过该桥，仅在第 9 年汛期后有 25～32t 的成品砂运输车通过该桥，设计荷载选定为汽-40 级。

（4）跨豆沙溪沟排水洞桥。豆沙溪沟排水洞穿越了左岸上游低线公路，需修建跨沟桥。桥面高程 450.00m，桥长 12m，按 45t 自卸汽车运渣通过考虑，设计荷载汽-80 级。

（5）跨溪洛渡沟排水洞桥。溪洛渡沟排水洞穿越了右岸下游低线永久公路，需修建跨沟桥。桥面高程 415.00m，桥长 12m，由于 45t 自卸汽车出渣及厂房重大件设备通过，故设计荷载汽-80 级，挂-400。

场内交通以上述线路主干线和施工支线公路组成场内公路网，以满足场内运输需求。场内公路共 85.4km，其中永久道路 59.32km（其中隧道 20.03km），临时施工道路 25.4km（其中隧道 4.24km），桥梁 955 延 m（其中永久桥梁 547m）。

4. 场内交通线路标准

为保证工程施工的顺利进行，场内交通的运输必须畅通无阻。各公路主干道的高峰运输强度为 1300～3400 辆/昼夜，结合溪洛渡工程的施工主要运输车辆为 32t（车宽 3.7m 左右）、基坑开挖及围堰填筑时为 32～45t 的运输特点，根据《厂矿道路设计规范》（GBJ 22—1987），本工程的场内交通临时道路参照露天矿山道路二级公路标准，并在规范允许的范围内做局部修正。永久道路参照矿山二级和山岭重丘二级标准进行布置。

车流量及车宽较小的一些施工支线，如：开关站支线、缆机平台支线、高线混凝土平台支线等，根据《厂矿道路设计规范》(GBJ 22—1987)，参照露天矿山道路三级公路标准执行。

永久进厂交通洞需考虑施工期运输工程的重大件和永久运行的需求。工程的大件运输的项目为：主变压器 5.5m×4.0m×4.1m（长×宽×高）；压力钢管的直径 10m；水轮机转轮直径 7.8～8.1m，高约 3.2m；主厂房双小车桥式起重机主梁尺寸为 30.0m×3.0m×3.5m（长×宽×高）。根据重大件运输及地下厂房永久运行要求，进厂交通洞的高度确定为 9m，主道宽度为 12m。其余的施工交通洞根据本工程施工设备高度选择为 8m。

溪洛渡水电站立体交通网络设计图和夜景图如图 4.16 和图 4.17 所示。

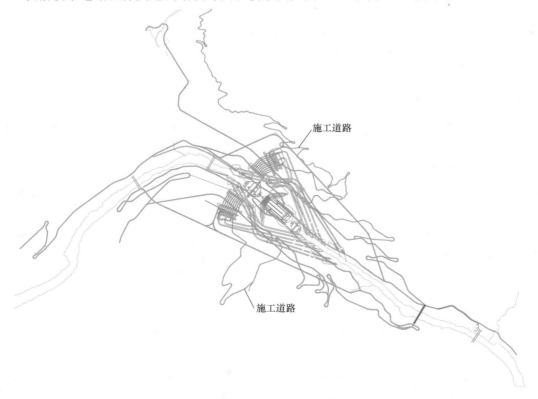

图 4.16　溪洛渡水电站立体交通网络设计图

4.3.2.2 锦屏一级水电站应用实例

1. 概述

锦屏一级水电站施工高峰期强度大，持续时间长，场内施工运输量大，运输方式以公路运输方式为主，胶带输送机运输混凝土砂石成品骨料为辅。为连接各个施工工区，由坝址下游约20km的大沱至坝址上游约10km的兰坝乡、洋房沟渣场约30km范围内均布置有场内公路主干线；并在坝址上下游3～5km范围内左、右两岸均布置有高、中、低线公路分别至各施工工作面。

图4.17 溪洛渡水电站立体交通网络夜景图

锦屏一级水电站可研设计阶段施工组织设计共规划了1～11号场内公路，根据使用功能的不同，分别采用矿山二级和矿山三级标准，并在上游设跨江临时桥、下游设跨江永久桥，可研设计阶段规划场内公路总长约75.66km，以明线为主，公路隧道总长15.66km。

水电站坝址区为深切峡谷，两岸地形陡峻，场内道路上、中、下线同时施工，综合考虑施工干扰、施工安全、环境保护、高边坡防护等影响工程建设的突出问题，结合水电站施工总布置的优化调整和现场地形地貌条件，实施阶段对地质条件较差、上下线施工干扰大、施工安全隐患突出的路段路线方案进行了较大调整，将原可研规划的明线调整为洞线，隧洞长度有较大增加。

实施阶段场内交通道路总长57.1908km，其中隧洞总长30.80km/46座，桥梁总长952.79m/10座。

此外还有去大奔流料场、三滩右岸大理岩料场的开采道路，各渣场内的弃渣道路，基坑内的开挖道路，以及坝区两岸边坡的施工便道、索吊等交通设施。

2. 场内道路线路布置

1号公路：位于雅砻江右岸，大坝上、下游总长6.42km。大坝下游段线路起于辅助交通洞，沿雅砻江右岸岸坡展线，经锦屏大桥右岸桥头至下游围堰，线路长3.80km（辅助交通洞至锦屏大桥段为永久公路工程，线路长1.97km），设计标准为矿山二级，路基宽12m，路面宽10.5m。大坝上游段起于上游围堰，沿雅砻江右岸岸坡展线，经上游临时桥右岸桥头至厂房进水口平台，线路长2.62km，并设支线166m连接右岸导流洞闸室，设计标准为矿山二级，路基宽10.5m，路面宽9.0m。

2号公路：位于雅砻江左岸，由三段组成，总长17.99km。其中，第一段从辅助路终点（大沱）接线，沿雅砻江左岸岸坡上行至锦屏西桥，与锦屏西桥左岸连接线相接，线路长12.92km，为永久公路工程，设计标准为矿山二级，路基宽12m，路面宽10.5m；第二段从锦屏西桥左岸接线，沿雅砻江左岸岸坡上行经大坝上游围堰至三滩渣场，线路长度4.54km，设计标准矿山二级，路基宽度12m，路面宽度10.5m；第三段为2号公路连接其他施工通道的临时道路，线路长0.529km，设计标准为等外级，路基宽7m，路面宽

6m。并另设支线117m连接左岸导流洞闸室。

3号公路：位于雅砻江右岸，总长4.79km。线路起于棉纱沟，从5号公路接线，至二坪，线路长2.47km；从二坪接线后继续沿山体上行，终点至三坪3号营地，线路长度2.32km；设计标准为矿山二级，路基宽12m，路面宽10.5m。

4号公路：位于雅砻江左岸，从场内交通6号公路接线，至下游左岸坝中1790.00m高程，线路长0.93km，设计标准为矿山三级，路基宽8.5m，路面宽7m。

5号公路：位于雅砻江右岸，总长7.29km，为永久公路工程。线路从1号公路棉纱沟处接线，绕过棉纱沟后至大坝右坝肩，线路长度4.81km，设计标准为矿山二级，路基宽12m，路面宽10.5m；从大坝右坝肩沿雅砻江岸边上行至兰坝料场，线路长2.48km，设计标准为矿山二级，路基宽10.5m，路面宽9.0m。同时，另设支线至高程1885m胶凝平台线路长51m，至二次筛分楼平台混凝土运输循环线1、循环线2的线路分别长116m、86m。

6号公路：位于雅砻江左岸，线路长3.06km，为永久公路工程。从2号公路接线，沿左岸上行至大坝左坝肩，设计标准为矿山三级，路基宽8.5m，路面宽7.0m。

7号公路：位于雅砻江右岸，线路长1.61km，从道班沟处5号公路接线，沿右岸上行至右岸缆机平台，设计标准为矿山三级，路基宽8.5m，路面宽7.0m。

8号公路：位于雅砻江左岸，线路长1.00km，从6号公路终点位置接线，沿左岸上行至左岸缆机平台1960m高程，设计标准为矿山三级，路基宽8.5m，路面宽7.0m。同时，另设支线至高程1885m平台供料线通道长128m，至观礼平台线路长234m。

9号公路：位于雅砻江左岸，线路长1.66km，起点为厂房进水口平台，终点与5号公路相接，设计标准为矿山三级，路基宽8.5m，路面宽7.0m。

10号公路：位于雅砻江左岸，线路长1.25km，从2号公路接线，沿山体上行至印把子沟渣场，设计标准为矿山二级，路基宽8.5m，路面宽7.0m。

场内交通锦屏西桥为坝下游跨江永久桥，由主桥、左岸连接线、右岸连接线组成。主桥为单跨128.4m长的上承式钢筋混凝土箱形无铰拱桥，宽12.5m，全长168.39m，设计荷载为汽-80级、挂-300验算；左岸连接2号公路，右岸连接1号公路，左右岸连接线长580.61m，其中建筑限界12.0m×5.0m隧道长480m，设计标准为矿山二级，路基宽12m，路面宽10.5m。

解放沟1号桥为跨江临时桥，由主桥和左右岸连接线组成，主桥为单跨134m长的索道桥，宽6m，全长170m，设计荷载为汽-54级、挂-120验算；左右岸连接线长163m，路基宽7.5m，路面宽6.5m。

解放沟2号桥为跨江临时桥，由主桥和左右岸连接线组成，主桥为单跨220m长的索道桥，宽6m，全长257.60m，设计荷载为汽-80级、挂-300验算；左右岸连接线长302.4m，其中建筑限界8.5m×4.5m隧道长76m，路基宽10.5m，路面宽9.0m。

下游围堰桥为跨江临时桥，由主桥和右岸连接线组成，主桥为单跨111m长的索道桥，宽6m，全长140m，设计荷载为汽-54级、挂-100验算；右岸连接线长211m，其中建筑限界8.5m×4.5m隧道长200m，路基宽7.5m，路面宽6.5m。

跨左岸导流洞桥，主桥为上承式钢桁架贝雷桥，宽12m，全长31.5m，设计荷载为汽-60级。

跨右岸导流洞桥，由主桥和连接线组成，路线全长 230m，主桥为单跨 40m 长的 T 形梁桥，宽 8m，全长 58.81m，设计荷载为汽-60 级；设计标准为矿山三级，路基宽 7.5m，路面宽 6.5m。

场内交通道路总长 57.1908km，其中包括建筑限界 12.0m×5.0m 的公路隧洞长 14.353km（永久公路工程隧洞长 7.193 km）、建筑限界 10.5m×5.0m 的公路隧洞长 7.015km（永久公路工程隧洞长 4.296km）、建筑限界 9.0m×5.0m 的公路隧洞长 0.283km、建筑限界 8.5m×5.0m 的公路隧洞长 0.234km 和建筑限界 8.5m×4.5m 的公路隧洞长 8.915km（永久公路工程隧洞长 2.867km），公路隧洞总长 30.80km（占线路总长的 53.9%）。

新建跨江桥 4 座，桥梁总长 735.99m，其中跨江永久桥 1 座，桥长 168.39m，设计荷载为汽-80 级、挂-300 验算；临时桥 3 座，上游 2 座，桥长分为 170m、257.6m，设计荷载为汽-54 级（挂-120 验算）、汽-80 级（挂-300 验算），下游 1 座，桥长 140m、设计荷载为汽-54 级（挂-100 验算）；跨江桥连接线 1.257km。新建跨导流洞桥 2 座，桥梁总长 90.31m。场内交通道路实施阶段主要指标见表 4.7。

表 4.7 场内交通道路实施阶段主要指标表

序号	项目	起止位置	路线长度/km	桥长/m	设计标准	隧道长度/m	路基（面）宽度或桥面宽/m	桥涵设计荷载	路面结构
1	渣场公路	下游围堰—肖场沟渣场	3.5		等外	180	7.5 (6.5)		
2	1号公路	锦屏辅助交通洞—下游围堰	3.80		矿山二级	554	12 (10.5)	汽车-80级	水泥混凝土
		上游围堰—进水口平台	2.62		矿山二级	2090	10.5 (9.0)	汽车-80级	
		至导流洞闸室支线	0.166			166	9.0		
3	2号公路	大沱—锦屏西桥	12.92	100.49	矿山二级	4411	12 (10.5)	汽车-80级	水泥混凝土
		锦屏西桥—三滩沟渣场	4.54		矿山二级	3704	12 (10.5)	汽车-80级	
		大坝上游2号公路施工连接线	0.529		等外	90	7		
		至导流洞闸室支线	0.117			117	7.5		
4	3号公路	棉纱沟—大坪营地	2.47		矿山二级	2474	12 (10.5)	汽车-80级	水泥混凝土
		二坪—三坪	2.32	26	矿山二级			汽车-80级	
5	4号公路	6号公路下游段—下游坝中1790.00m高程	0.93		矿山三级	930	8.5 (7.0)	汽车-60级	水泥混凝土
6	5号公路	棉纱沟—右岸坝肩	4.81		矿山二级	4635	12 (10.5)	汽车-80级	水泥混凝土
		右岸坝肩—兰坝料场	2.48		矿山二级	2010	10.5 (9.0)	汽车-80级	
		至高程1885.00m胶凝平台支线	0.051			51	10.5		
		二次筛分楼平台混凝土运输循环线1	0.116			116	10.5		
		二次筛分楼平台混凝土运输循环线2	0.086			86	10.5		

序号	项目	起止位置	路线长度/km	桥长/m	设计标准	隧道长度/m	路基（面）宽度或桥面宽/m	桥涵设计荷载	路面结构
7	6号公路	辅助道路—左岸坝肩	3.06		矿山三级	2867	8.5 (7.0)	汽车-60级	水泥混凝土
8	7号公路	道班沟—右岸缆机平台	1.61		矿山三级	852	8.5 (7.0)	汽车-80级	水泥混凝土
9	8号公路	6号公路（左岸坝肩）—左岸缆机平台	1.00		矿山三级	870	8.5 (7.0)	汽车-60级	水泥混凝土
		至高程1885.00m平台供料线通道	0.128			128	10.5		
		观礼平台线路	0.234			234	7.0		
10	9号公路	进水口平台—5号公路	1.66		矿山三级	1440	8.5 (7.0)	汽车-60级	水泥混凝土
11	10号公路	辅助道路—印把子沟渣场	1.25		矿山二级	629	10.5 (9.0)	汽车-80级	水泥混凝土
12	低线过坝交通及连接线	右岸连接线	1.045		等外	1045	7.5 (6.0)		水泥混凝土
		左岸连接线	0.3697			369.7			
13		5号营地进场道路	2.56		等外		7.0 (6.0)		水泥混凝土
14		2号临时桥至三滩沟前期砂石系统道路改建	0.56		矿山三级		9.0 (7.5)	汽车-60级	碎石路面
15	桥	解放沟1号临时桥	0.333	170.00	等外		6.0 (4.5)	汽车-54级	
		解放沟2号临时桥	0.56	257.6	等外	76	6.0 (4.5)	汽车-80级	
		下游围堰桥	0.351	140.00	等外	200	6.0 (4.5)	汽车-54级	
		锦屏西桥	0.749	168.39	矿山二级	480	12.5 (10.5)	汽车-80级	
		左岸跨导流洞桥	0.0415	31.5	矿山二级		12.0 (11.5)	汽车-60级	
		右岸跨导流洞桥	0.23	58.81	矿山三级		7.5 (6.5)	汽车-60级	水泥混凝土

3. 大奔流沟料场开采道路布置

大奔流沟料场位于坝址左岸下游约9km，锦屏二级水电站闸坝上游左岸，地形陡峻，地面坡度约50°~75°，高差大，料场开口线高程约2188.00m，江边2号公路高程约1660.00m，高差约530m，常规道路展线布置极其困难。

施工时经多方案研究比较，创造性地采用在料场山体内布置螺旋树权式开采运输干道（隧洞）的方式到达料场上部，并作为对外运输干道。依托对外运输干道布置毛料运输干道和料场降段运输道路，在料场开采范围内结合料场开采规划降段道路。在高程 1940.00～1865.00m 间布置 1 条竖井（3 号竖井），在高程 1865.00～1670.00m 间布置 2 条竖井（1 号、2 号竖井），竖井直径 6m，下部储料段直径 10m、高度 21m。

　　大奔流沟料场开采利用螺旋树杈式道路和竖井结合的立体空间交通网络，成功地解决了高陡边坡条件下物料垂直运输难题。

　　大奔流沟料场开采通道示意图如图 4.18 和图 4.19 所示。

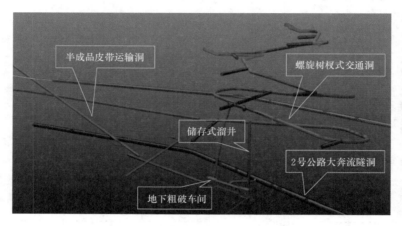

图 4.18　大奔流沟料场开采通道示意图

图 4.19　大奔流沟料场竣工面貌

4. 施工索吊运输

锦屏一级枢纽区左右岸高位危岩体处理工程最高处比坝顶高程高约 500m，因两岸地形高陡，场内施工道路无法到达，左右岸分别架设多条索吊运输施工材料。具体如图 4.20 和图 4.21 所示。

图 4.20　左岸自然边坡高位危岩体处理施工交通示意图

锦屏一级水电站场内交通运输采用了以隧洞为主的公路、竖井、螺旋式隧洞、长距离胶带机、索吊等多元化立体运输方式成功解决了高山峡谷地区巨型水电工程物料运输难题。

4.3.2.3　两河口水电站应用实例

1. 概述

两河口水电站坝址区河谷呈略显不对称的 V 形河谷，两岸山体雄厚，河谷深切，谷坡陡峻。根据国内外高土石坝施工经验，结合本工程水工建筑物的施工方法，施工期场内交通运输主要采用公路运输方式。

拦河大坝为砾石土心墙堆石坝，最大坝高约 295m，坝体填筑量大，施工强度高、持续时间长，要求场内交通运输量大、道路标准高。为满足大坝填筑施工强度要求，大坝的上下游、左右岸相应高程均需设置大坝填筑施工道路。

坝址区左岸布置有洞式溢洪道、深孔泄洪洞、放空洞、竖井泄洪洞以及后期导流洞，右岸布置有水电站进水口、引水系统、地下厂房、尾水系统、开关站和初期导流洞。建筑物的进、出口位置相对集中，但平面位置有限。各建筑物布置高程范围为 2600.00～2875.00m，高差达 275m。各工作面均需布置施工道路，相互影响较大、制约因素多。因

（a）坝肩平台运输点

（b）高程平台物料转运点

（c）索吊吊篮

图 4.21　左右岸索吊工作图

此，为满足施工要求，施工道路较多，部分区域施工道路较为密集，相互制约，施工道路标准较高。

根据料源规划，工程所需石料来自 3 个块石料场，分别是位于鲜水河口的两河口石料场、瓦支沟沟口的瓦支沟石料场和左岸下游的左下沟石料场；工程所需土料来自库区的普巴绒、瓜里、亚中和苹果园土料场，以及坝址下游右岸的西地土料场。根据料源分布特点，均需要设置道路与坝区填筑道路相连。

此外，还有承包商营地、施工临建设施和工程弃渣场需要设施临时施工道路。

坝址区右岸现有雅江至道孚、新龙县级公路可通过，工程施工期需设置过坝交通。

综上所述，两河口水电站场内施工道路具有分布范围广、高差大、道路标准要求高、部分区域道路布置密集、制约因素多等特点。

2. 场内交通线路布置

主要场内交通线路包括：左岸下游干线公路、坝区左右岸低线公路、坝区左右岸高线公路、坝区左右岸上游高低连接线、石料场开采运输道路、土料场开采运输道路。

场内交通道路总长约 120.95km（含隧洞约 65.45km，隧洞比例 54.1%），其中永久道路约 49.35km（含隧洞约 37.2km）；临时公路约 71.6km（含隧洞约 28.25km）。

除右岸沿江低线公路是利用雅新公路改建外，其余均为新建道路。

场内交通道路 120.95km 中，施工期作为库区土料运输道路，后期库区复建公路利用段总长约 25.15km（其中隧洞 16.5km）。

（1）永久公路。

1）左岸下游干线公路（1 号公路）。起点为对外交通专用公路终点、白玛大桥右岸桥头，终点为坝区下游永久大桥左岸桥头，包含脚泥堡隧道和两河口隧道以及白玛、白孜 2 座跨雅砻江桥。该道路通过对外交通专用公路连接 G318 线，满足大宗物资及重大件运输要求，并连接白孜施工区。

2）左岸高线公路（5 号公路）。起点为下游永久大桥右岸桥头，终点为坝址上游左岸、庆大河左岸 2875.00m 高程，通过 11 号公路相连瓦支沟 2 号渣场。该道路为左岸永久上坝道路和左岸泄洪系统进口 2875.00m 平台永久通道。

3）左岸上坝公路（501 号公路）。从 5 号公路隧洞接线，至大坝左岸坝顶 2875.00m 高程。该道路为左岸永久上坝公路。

4）右岸低线公路永久段（4 号公路永久段）。起点为下游永久桥右岸桥头，终点为进厂交通洞起点，下游明路段与永久过坝交通相结合。该道路主要为地下厂房施工和大坝右岸下游低线填筑道路，兼顾施工期低线过坝交通。

5）大坝右岸下游围堰（401 号公路）。从 4 号公路隧洞接线，终点为下游围堰右岸顶部。该道路主要满足右岸下游大坝填筑，同时兼作大坝下游和尾水闸室永久交通通道。

6）大坝右岸下游 2680.00m 高程填筑道路永久段（401B 公路）。从尾调交通洞接线，终点为大坝右岸下游 2680.00m 高程，该路段分设 401A、401B 两单线，永久部分为 401B 单线接尾调交通洞。该道路主要为大坝右岸下游 2680.00m 高程填筑道路，同时兼作运行期尾调室通风洞。

7）右岸高线公路（6 号公路）。起点为 4 号公路下游段隧洞进口 2710.00m 高程，终点为坝址上游右岸 2875.00m 高程。该道路主要为工程施工期和运行期的过坝交通公路，同时兼顾大坝右岸中高程部位填筑料运输。

8）右岸上坝道路（602 号公路）。从 6 号公路隧洞接线，终点为大坝右岸坝顶 2875.00m 高程。该道路为右岸永久上坝公路，同时为开关站和进水口永久交通通道。

9）库区土料场运输道路（14 号公路的永久段）

起点为 1 号临时桥左岸桥头，终点为普巴绒土料场附近，库区正常蓄水位以上路段与库区复建道路相结合。该道路为库区土料运输专线，水电站运行期间为雅江至新龙的库区复建公路。

10）6 号公路与 14 号公路连接线（1403 号公路）。起点为 6 号公路隧洞出口，终点为

14 号公路正常蓄水位以上段。该道路为大坝初期蓄水后库区土料运输道路，水电站运行期间为雅江至新龙的库区复建公路。

（2）临时公路。

1）左岸临时公路。

a. 5 号导流洞出口施工道路（303－2 号公路）。起点为下游围堰左岸堰顶，终点为 5 号导流洞出口附近。该道路主要为 5 号导流洞出口工作面施工通道，兼顾 5 号、3 号导流洞封堵施工通道。

b. 左下沟混凝土骨料加工厂道路（101 号公路）。起点为 1 号公路大坝下游永久桥左岸桥头，终点为左下沟混凝土骨料加工厂及金属结构安装场和钢管加工厂。

c. 左岸低线公路（3 号公路）。3 号公路起点为左下沟 3 号渣场 2690.00m 高程平台，终点为瓦支沟 2 号渣场 2730.00m 高程平台。该道路沟通左岸低线交通，主要满足大坝左岸填筑要求，并兼顾左岸泄水建筑物施工。

d. 左岸泄洪系统出口施工通道（301 号公路）。从 3 号公路隧洞接线，经 3 号临时桥右岸桥头，终点为左岸泄洪系统出口 2625.00m 高程。该道路主要为左岸泄洪系统出口工作面的施工通道，隧洞段与 3 号临时桥共同构成下游低线混凝土系统骨料运输通道。

e. 大坝左岸下游 2655.00m 高程填筑道路（303 号公路）。从 3 号公路隧洞接线至大坝左岸下游 2655.00m 高程，主要为大坝左岸下游 2655.00m 高程填筑道路，同时兼顾坝肩开挖、左岸泄水建筑物出口（群）开挖以及 3 号、4 号导流洞出口段施工。

f. 洞室溢洪道出口泄槽底部施工道路（303－1 号公路）。从 303 号公路隧洞接线至洞室溢洪道出口泄槽底部 2685.00m 高程，主要为洞室溢洪道出口泄槽底部施工通道。

g. 大坝左岸下游 2730.00m 高程填筑道路（304 号公路）。从 3 号公路隧洞接线至大坝左岸下游 2730.00m 高程，主要为大坝左岸下游 2730.00m 高程填筑道路，同时兼顾坝肩开挖、左岸泄水建筑物出口（群）开挖以及深孔泄洪洞施工。

h. 大坝左岸上游 2730.00m 高程填筑道路（305 号公路）。从 3 号公路隧洞接线至大坝左岸上游 2730.00m 高程，主要为大坝左岸上游 2730.00m 高程填筑道路，同时兼顾坝肩开挖、3 号、4 号导流洞进口段的施工通道。

i. 3 号、4 号导流洞进口施工通道（305－1 号公路）。从 305 号公路隧洞接线至 3 号、4 号导流洞进口 2745.00m 高程，主要为 3 号、4 号导流洞进口工作面的施工通道。

j. 上游围堰左岸顶部道路（306 号公路）。从 3 号公路隧洞接线，经庆大河 3 号渣场至上游围堰顶部 2658.00m 高程，306 号公路隧洞段分设 306A、306B 两单线与 3 号公路隧洞线相连接。主要为大坝左岸上游填筑道路，同时兼顾基坑开挖出渣，与上游围堰共同连接上游左右岸交通。

k. 5 号导流洞进口施工道路（306－1 号公路）。起点为 306 号公路，终点为 5 号导流洞进口 2675.00m 高程。该道路主要为 5 号导流洞进口工作面施工通道。

l. 左下沟石料场开采道路（7 号公路）。起点为左下沟渣场 2690.00m 高程平台，终点为左下沟石料场 2900.00m 高程。该道路主要为左下沟石料场开采运输道路，同时兼顾左下沟渣场道路和左下沟掺和场掺和料的运输通道。

m. 左下沟施工设施区道路（701号公路）。起点为7号公路，终点为左下沟水厂。该道路主要是左下沟施工设施区通道。

n. 大坝左岸高低连接线（11号公路）。起点为5号公路隧洞出口段，终点为瓦支沟2号渣场左岸2800.00m，与13号公路共同构成左岸上游高、低连接线。该道路主要为大坝2800.00m高程以上填筑料的运输通道。

o. 大坝左岸上游2800.00m高程填筑道路（1101号公路）。从11号公路隧洞接线，至大坝左岸上游2800.00m高程，主要为大坝左岸下游2800.00m高程填筑道路，同时兼顾深孔泄洪洞进口段的施工通道和坝肩开挖。

p. 大坝左岸下游2800.00m高程填筑道路（1101-1号公路）。从1101号公路隧洞接线至大坝左岸下游2800.00m高程，该路段分设1101-1A、1101-1B两单线，主要为大坝左岸下游2800.00m高程填筑道路。

q. 瓦支沟渣场高、低连接线（13号公路）。起点为瓦支沟渣场右岸2730.00m高程，终点为瓦支沟渣场右岸2800.00m高程，与11号公路共同构成左岸上游高低连接线。该道路主要为瓦支沟渣场弃渣运输、混凝土骨料、反滤料和掺和料运输道路。

r. 瓦支沟石料场顶部开采道路（15号公路）。起点为瓦支沟石料场底部2820.00m高程，经11号公路隧洞出口，终点为瓦支沟石料场顶部3120.00m高程，为瓦支沟石料场开采运输道路。

s. 2号渣场临时公路。起点为雅新公路，终点为瓦支沟沟口，路线全长约2500m，路面宽度4.5m，局部设置错车道，泥结碎石路面。

t. 左下沟渣场临时路。起点为左下沟临时桥左岸桥头，终点分别为左下沟3号渣场2640.00m高程和左下沟下游施工场地，总长800m，其中隧洞长450m。

2）右岸临时道路。

a. 右岸沿江低线公路。起点为下游永久桥右岸桥头，终点为403号公路隧洞进口附近。该道路主要在工程筹建期和准备期使用。

b. 厂房混凝土运输通道。连接右岸沿江低线和尾水交通洞，主要满足地下厂房混凝土运输，并改善右岸下游交通。

c. 西地土料场开采运输公路（2号公路）。起点为下游永久桥右岸桥头，终点为西地土料场开采揭顶高程。该道路主要为西地土料场的开采运输通道，同时兼顾炸药库交通通道。

d. 右岸低线公路临时段（4号公路临时段）。起点为进厂交通洞起点，终点为坝址上游右岸2673.00m高程。该道路主要为大坝右岸上、下游低高程填筑道路，同时兼顾施工期低线过坝公路。

e. 大坝右岸下游2680.00m高程填筑道路临时段（401A公路）。从401号隧洞接线，终点为大坝右岸下游2680.00m高程，该路段分设401A、401B两单线，永久部分为401B单线接尾调交通洞，401A为临时段道路，主要为大坝右岸下游2680.00m高程的填筑道路。

f. 上游围堰右岸堰顶道路（402号公路）。从4号公路临时段接线至上游围堰右岸堰顶2658.00m高程，主要为大坝右岸上游2658.00m高程的填筑道路，并兼作坝址上游左、右岸连接线。

g. 大坝右岸上游 2695.00m 高程填筑道路（403 号公路）。从 4 号公路隧洞出口接线至大坝右岸上游 2695.00m 高程，为大坝右岸上游 2695.00m 高程的填筑道路。

h. 大坝右岸下游 2755.00m 高程填筑道路（601 号公路）。从 6 号公路接线至大坝右岸下游 2755.00m 高程，为大坝右岸下游 2755.00m 高程填筑道路。

i. 大坝右岸下游施工区道路（603 号公路）。起点为 6 号公路隧洞进口，终点为大坝右岸下游施工区。该道路主要是施工区交通通道。

j. 进水口施工道路（8 号公路）。起点为 4 号公路隧洞出口 2673.00m 高程，终点为进水口 2763.00m 高程，与 10 号公路共同构成右岸上游高低连接线。该道路主要为进水口工作面施工道路，兼顾大坝 2763.00m 高程填筑，以及施工期过坝交通。

k. 右岸高低连接线（10 号公路）。从 6 号公路终点附近接线，至 8 号公路隧洞出口附近，与 8 号公路共同构成右岸上游高低连接线。该道路主要为 8 号公路与 6 号公路连接线。

l. 大坝上游低线左、右岸连接公路（12 号公路）。起点为 1 号临时桥左岸桥头，终点为 306 号公路庆大河口处。该道路主要为大坝上游低线左、右岸连接道路，1 号临时桥左岸桥头至两河口石料场段兼做两河口石料场 2660.00m 高程开采运输道路。

m. 库区土料场开采运输专用道路（14 号公路临时段）。起点为 1 号临时桥左岸桥头，终点为 14 号公路正常蓄水位以上段。该道路主要为库区土料场土料和两河口石料场石料运输道路。

n. 两河口石料场开采运输道路（1401 号公路）。从 14 号公路两河口石料场附近接线，至两河口石料场 2800.00m 高程，为两河口石料场开采运输道路。

o. 亚中、苹果园、忆扎、志里土料场开采运输道路（1402 号公路）。起点为 14 号公路亚中土料场附近段，从亚中土料场附近展线下行至雅新公路，沿雅新公路至苹果园、忆扎、志里等土料场。该道路主要为亚中、苹果园、忆扎、志里等土料场开采运输通道。

p. 两河口石料场临时复建公路（16 号公路）。起点为 1 号临时桥左岸桥头附近，终点为雅江—道孚县级公路。该道路主要为雅江—道孚县级公路两河口石料场段的临时复建公路。

（3）桥梁布置。该工程在雅砻江左、右岸均布置有永久性和临时性建筑物，料场及施工临建设施也分布在坝址上、下游及左、右岸。根据场内交通的总体规划，需在雅砻江修建 10 座跨河大桥，在鲜水河和庆大河修建 1 座跨河桥，其中库区大桥施工期用于土料运输，运行期为库区复建道路利用。

1）白玛大桥。位于白玛营地附近，跨雅砻江。桥面高程 2640.00m，桥长 340m，设计以通行 25t 自卸汽车以及重大件运输的需要，选定荷载等级为汽-60。

2）白孜大桥。位于白孜村附近，跨雅砻江。桥面高程 2640.00m，桥长 240m，设计以通行 25t 自卸汽车以及重大件运输的需要，选定荷载等级为汽-60。

3）下游永久桥。位于坝址下游，跨雅砻江。桥面高程 2668.00m，桥长 300m，设计以通行 45t 自卸汽车确定荷载等级为汽-80。

4）跨库大桥。位于坝址右岸上游 6 号公路出口附近，跨雅砻江水库。桥面高程 2881.00～2887.00mm，桥长 620m，设计以通行 20t 自卸汽车确定荷载等级为汽-40。

5）1 号临时桥。位于坝址上游约 2.3km，跨雅砻江，桥面高程 2673.00m，桥长 170m，以通行 45t 自卸汽车确定荷载等级为汽-80。该桥主要为施工期两河口石料场、库区土料开采料运输用，并兼作施工期过坝交通上游临时跨江桥，1 号、2 号导流洞下闸（第 8 年 11 月）前拆除。

6）2 号临时桥。位于上游围堰位置，截流戗堤下游，跨雅砻江，桥面高程 2620.00m，桥长 90m，以通行 32t 自卸汽车确定荷载等级为汽-60。该桥主要为工程筹建、准备工程施工服务，为右岸导流洞、场内公路和坝肩开挖施工弃渣、左岸场内公路进场施工的通道，在上游围堰形成期间拆除。

7）3 号临时桥。位于坝址下游，跨雅砻江，桥面高程 2630.00m，桥长 140m，以通行 25t 自卸汽车确定荷载等级为汽-60。该桥沟通沿江低线公路与左岸交通，用于泄水建筑物开挖、混凝土浇筑施工以及下游低线混凝土骨料运输。

8）4 号临时桥。位于鲜水河河口附近，跨鲜水河，桥面高程按截流后 10 年一遇水位 2638.00m 设置，作为上游围堰填筑期的上游交通桥，同时作为两河口石料场剥离弃渣通道。该桥长 80m，以通行 25t 自卸汽车确定荷载等级为汽-60。

9）5 号临时桥。位于志里土料场附近，跨雅砻江，桥长 150m，以通行 15t 自卸汽车确定荷载等级为汽-40。该桥沟通志里土料场与左岸交通，用于志里土料场土料运输。

10）白玛临时桥。位于白玛业主营地附近，跨雅砻江，全长 135.5m，设计荷载等级为 3×30t（车距不小于 40m），桥面全宽 5.4m，行车道宽 3.7m。

11）左下沟临时桥。位于左下沟沟口下游侧，跨雅砻江，桥梁全长 187m，，设计荷载等级为汽-60，桥面宽度 6.0m，行车道宽度 4.5m。

12）庆大河临时桥。位于瓦支沟沟口上游侧，跨庆大河，长 40m，设计荷载等级为汽-40，桥面宽度 4.5m。

（4）场内交通道路标准。为保证工程施工的顺利进行，场内交通必须畅通无阻。各主干道的高峰运输强度为 40～85 辆/h(单向)，该本工程大坝填筑主要车型为：堆石料 45t、过渡料 32t、反滤料 25t、心墙料 20t，土石方明挖及洞挖主要为 25t 和 20t。

根据场内交通仿真分析研究成果，并结合《水电工程施工组织设计规范》（DL/T 5397—2007）附录 E 的有关规定，确定本工程的场内交通主干道标准为水电工程场内二级、三级。

车流量及车宽较小的一些施工支线，根据《水电工程施工组织设计规范》（DL/T 5397—2007），参照水电工程场内道路三级公路标准执行。

隧洞宽度根据相应道路的路面宽度要求确定，隧道设计净高为 5.0m；桥梁按照通行的汽车吨位确定荷载标准。

4.4 场内交通可视化仿真技术

4.4.1 技术特点

高山峡谷地区水电工程大多具有建筑物开挖边坡高、出渣难度大、分项工程多、施工时段集中、施工强度高等特点。导致场内运输机械种类及数量繁多、运输量大、强度高，对场内交通规划设计提出了较高的要求。

水电工程场内交通是整个过程的传送带，联系着施工场地内部各工区、料场、渣场及各生产区之间的物料流通。正确选择场内运输线路，合理规划和组织场内运输，使交通网络能适应工程施工进度和工艺流程的要求，关系到工程能否顺利进行，关系到工程的投资、工期及安全控制。面对错综复杂、立体交错的场内交通运输规划，高强度、多物种的物料运输局面，为了分析场内交通线路设计、等级标准选取的合理性，往往采用场内交通可视化仿真技术。

4.4.2 工程实践

4.4.2.1 两河口水电站应用实例

根据两河口场内交通布置初步规划，得到整个施工期内交通运输的初始方案。通过仿真初步计算，得到相应的道路交通指标，将其与道路规范进行对比，发现部分道路指标超出规范要求。对超标原因进行分析，提出相应优化措施，并通过不断的仿真计算，寻找到与施工进度计划相适应的且满足水利水电施工道路标准的较优的场内交通方案，并对其仿真成果进行分析论证。两河口水电站场内交通仿真计算分析软件具有界面友好、操作简单、实用性强、通用性强等特点，主要具有以下功能：①路段行车密度查询，可查询各条道路任意时间段内道路行车密度及各分项工程行车密度；②路段行车密度概率查询，可查询各条道路任意时间段内道路行车密度概率分布；③岔口排队情况查询，可查询任意时间段内各岔口的排队等待概率；④道路利用情况查询，可查询任意时间段内各个分项工程对不同道路的利用率；⑤运输强度查询，可查询任意时刻各个分项工程的运输情况；⑥道路年运量查询，可查询道路的年运输量。

两河口水电站场内交通布置如图 4.22 所示。

(1) 渣料调运线路优化。

1) 初始渣料运输方案选择运输路径的原则是：在满足渣场容量的前提下，按运距最短，且上游料通过上游道路运至渣场，下游料通过下游道路运至渣场。具体行车方案如下：

a. 上坝运输路径按场内交通规划选取路径（瓦支沟石料场的石料，在大坝填筑第一期至第九期由庆大河 1 号渣场 B 区备料场开采，在第十期至第十四期由瓦支沟料场开采）。

b. 运输渣料的路径按以下方案选取路径：左下沟 3 号渣场主要堆存场内道路施工弃渣和初期导流洞工程部分弃渣，其他开挖渣料均堆存至庆大河 1 号渣场 A 区、B 区和瓦支沟 2 号渣场；有用的洞渣料堆存至瓦支沟 2 号渣场回采区；有用的明挖料堆存至庆大河 1 号渣场 B 区的回采区。在保证渣场容量的前提下，具体规划如下：引水发电系统明挖弃渣运至庆大河 1 号渣场 A 区与瓦支沟 2 号渣场；洞挖弃渣运至庆大河 1 号渣场 B 区；泄水建筑物进口明挖弃渣运至瓦支沟 2 号渣场；泄水建筑物出口明挖弃渣运至庆大河 1 号渣场 B 区。其中，主要分项工程渣料运输路径如下：

(a) 泄水建筑物进水口开挖工程：泄水建筑物进水口→11 号公路→瓦支沟 2 号渣场。

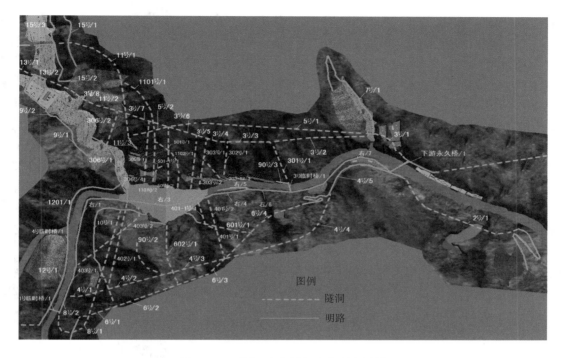

图 4.22　两河口水电站场内交通布置图

（b）泄水建筑物出水口开挖工程：泄水建筑物出水口→301 号公路→3 号公路→301号公路→3 号公路→庆大河 1 号渣场 B 区。

（c）洞式溢洪道进水口开挖工程：洞式溢洪道进水口→501-1 号公路→501 号公路→5 号公路→11 号公路→瓦支沟 2 号渣场。

（d）洞式溢洪道出水口开挖工程：洞式溢洪道出水口→303-1 号公路→303 号公路→3 号公路→301 号公路→3 号公路→庆大河 1 号渣场 B 区。

（e）引水系统进水口开挖工程：引水系统进水口→602 号公路→6 号公路→10 号公路→8 号公路→402 号公路→庆大河 1 号渣场 A 区。

（f）引水系统地下洞室开挖工程：引水系统地下洞室→地下洞室交通洞→4 号公路→402 号公路→306 号公路→3 号公路→瓦支沟 2 号渣场。

2）在初始方案的基础上，结合初步仿真计算成果对行车路线进行优化，优化措施如下：

a. 左岸泄水建筑物出口（群）开挖：分高程从不同道路出渣，2875.00m 以上及其以下约 30m 通过 501 号（出口修建便道至开挖区）、5 号、11 号公路出渣至 2 号渣场，2800.00m 高程以上 45m 及其以下 30m 考虑从 1102 号、11 号公路出渣，其他部分通过304 号、303 号、302 号（均从出口修建便道至开挖区）以及 301 号公路出渣至 1 号渣场B 区。

b. 左岸泄水建筑物进口（群）开挖：2875.00m 以上及其以下约 30m 通过 5 号、11

号公路出渣至 2 号渣场。其他部分直接推渣至庆大河 1 号渣场 A 区，通过 306 号、3 号公路至 1 号渣场 B 区。

c. 右岸厂房进水口、开关站开挖：进水口 2875.00m 以上及其以下 30m 和开关站，通过 602 号、6 号、4 号、下游永久桥、5 号、11 号公路出渣至 2 号渣场，开挖总量约 250 万 m³。进水口 2845.00m 以下开挖总量约 124 万 m³，通过 10 号（支洞至工作面）、8 号、1 号临时桥、12 号公路、4 号临时桥、1201 号公路出渣至庆大河 1 号渣场 A 区。

d. 地下厂房开挖：地下厂房开挖渣料的一部分（包括尾调交通洞、尾调室、尾水隧洞、通风洞、空调机房、主变室及尾水管洞等工程的开挖料）由下游公路通往渣场，运输路径为：引水系统地下洞室→地下洞室交通洞→4 号公路→下游永久桥→5 号公路→11 号公路→瓦支沟 2 号渣场；其余部分由上游公路通往渣场，运输路径为：引水系统地下洞室→地下洞室交通洞→4 号公路→402 号公路→306 号公路→3 号公路→瓦支沟 2 号渣场。

（2）典型路段行车密度分析。优化方案再次通过程序的仿真计算，得到道路行车密度与行车密度概率。通过分析各路段计算成果，将行车密度较大的 306 号/4 路段、8 号/2 路段、402 号/1 路段、3 号/8 路段、下游永久桥/1 路段、11 号/1 路段及 306 号/2 路段作为典型路段，计算成果分析如下：

1）306 号/4 路段。2018 年 10 月至 2019 年 5 月，为坝体填筑高峰期，大坝心墙料与瓦支沟堆石料运输车辆都经过 306 号/4 路段，造成此路段行车密度较高，平均行车密度为 75 次/h，最大行车密度为 96 次/h，大于 85 次/h 行车密度概率为 1.71%。此路段整个施工期大于 85 次/h 的行车密度概率为 0.16%。仿真成果如图 4.23～图 4.26、表 4.8 所示。

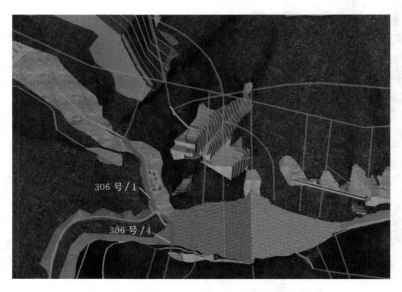

图 4.23　306 号/4、306 号/1 路段位置示意图

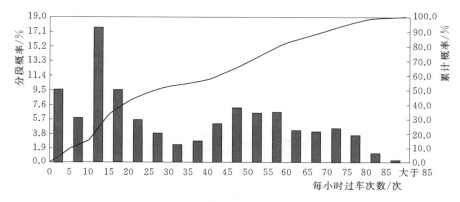

图 4.24　306 号/4 路段全过程行车密度概率分布图

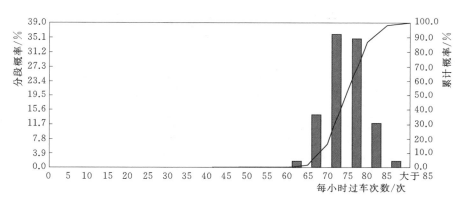

图 4.25　2018 年 10 月至 2019 年 5 月 306 号/4 路段行车密度概率分布图

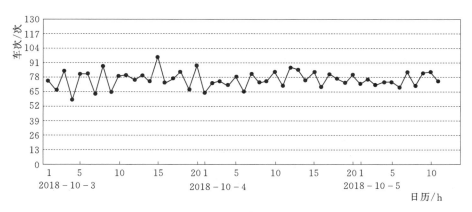

图 4.26　306 号/4 路段行车密度图

2）8 号/2 路段。2018 年 10 月至 2019 年 5 月，大坝心墙料、堆石料与过渡料填筑施工车辆都经过 8 号/2 路段，造成此路段行车密度较高，平均行车密度为 74 次/h，最大行车密度为 98 次/h，大于 85 次/h 行车密度的概率为 1.47%。此路段施工全过程大于 85 次/h 行车密度的概率为 0.22%。仿真成果如图 4.27～图 4.30、表 4.9 所示。

表 4.8　　　　　　　　　　　　306 号/4 路段行车密度仿真成果

时间	月平均行车密度/(次/h)	月最大行车密度/(次/h)	大于 85 次/h 的概率/%
2016 年 5 月	3	4	0.00
2016 年 6 月	3	4	0.00
2016 年 7 月	3	4	0.00
2016 年 8 月	3	4	0.00
2016 年 9 月	3	4	0.00
2016 年 10 月	47	61	0.00
2016 年 11 月	47	58	0.00
2016 年 12 月	50	64	0.00
2017 年 1 月	50	66	0.00
2017 年 2 月	47	63	0.00
2017 年 3 月	49	62	0.00
2017 年 4 月	48	61	0.00
2017 年 5 月	40	63	0.00
2017 年 6 月	35	65	0.00
2017 年 7 月	36	51	0.00
2017 年 8 月	36	50	0.00
2017 年 9 月	33	50	0.00
2017 年 10 月	60	85	0.00
2017 年 11 月	61	76	0.00
2017 年 12 月	64	77	0.00
2018 年 1 月	64	82	0.00
2018 年 2 月	64	81	0.00
2018 年 3 月	64	80	0.00
2018 年 4 月	64	81	0.00
2018 年 5 月	54	83	0.00
2018 年 6 月	50	86	0.13
2018 年 7 月	52	68	0.00
2018 年 8 月	52	72	0.00
2018 年 9 月	46	67	0.00
2018 年 10 月	76	96	5.33
2018 年 11 月	75	96	2.17
2018 年 12 月	75	90	1.83
2019 年 1 月	75	92	1.33
2019 年 2 月	74	86	0.17
2019 年 3 月	74	90	0.67

续表

时间	月平均行车密度/(次/h)	月最大行车密度/(次/h)	大于85次/h的概率/%
2019 年 4 月	74	89	0.33
2019 年 5 月	63	87	0.5
2019 年 6 月	46	75	0.00
2019 年 7 月	47	61	0.00
2019 年 8 月	47	59	0.00
2019 年 9 月	43	64	0.00
2019 年 10 月	16	30	0.00
2019 年 11 月	16	29	0.00
2019 年 12 月	16	32	0.00
2020 年 1 月	16	26	0.00
2020 年 2 月	16	27	0.00
2020 年 3 月	16	26	0.00
2020 年 4 月	16	28	0.00
2020 年 5 月	15	26	0.00
2020 年 6 月	19	38	0.00
2020 年 7 月	20	34	0.00
2020 年 8 月	19	33	0.00
2020 年 9 月	18	32	0.00
2020 年 10 月	32	56	0.00

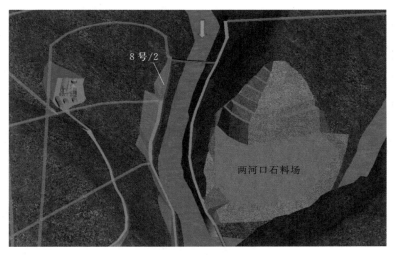

图 4.27　8 号/2 路段位置示意图

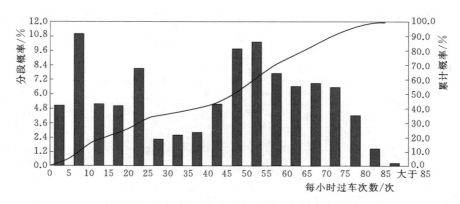

图 4.28　8 号/2 路段全过程行车密度概率分布图

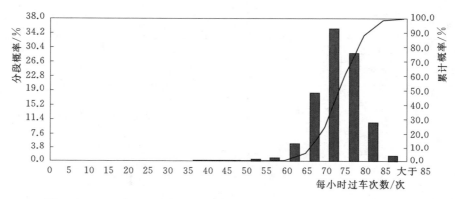

图 4.29　2018 年 10 月至 2019 年 5 月 8 号/2 路段行车密度概率分布图

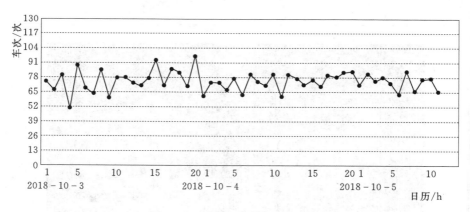

图 4.30　8 号/2 路段行车密度图

3）402 号/1 路段。2018 年 10—12 月，大坝堆石料填筑强度较高，心墙填筑及由两河口石料场至大坝的车辆经过 402 号/1 路段，该路段平均行车密度为 59 次/h，最大行车密度为 87 次/h，大于 85 次/h 行车密度的概率为 0.05%。此路段施工全过程大于 85 次/h 行车密度的概率为 0.01%。402 号/1 路段仿真成果如图 4.31～图 4.34、表 4.10 所示。

表 4.9   8 号/2 路段行车密度仿真成果表

时间	月平均行车密度/(次/h)	月最大行车密度/(次/h)	大于 85 次/h 的概率/%
2014 年 6 月	3	12	0.00
2014 年 7 月	10	16	0.00
2014 年 8 月	10	17	0.00
2014 年 9 月	8	15	0.00
2014 年 10 月	8	12	0.00
2014 年 11 月	7	12	0.00
2014 年 12 月	11	26	0.00
2015 年 1 月	11	27	0.00
2015 年 2 月	11	29	0.00
2015 年 3 月	7	15	0.00
2015 年 4 月	6	8	0.00
2015 年 5 月	6	8	0.00
2015 年 6 月	0	0	0.00
2015 年 7 月	0	0	0.00
2015 年 8 月	0	0	0.00
2015 年 9 月	0	0	0.00
2015 年 10 月	0	0	0.00
2015 年 11 月	0	0	0.00
2015 年 12 月	0	0	0.00
2016 年 1 月	3	4	0.00
2016 年 2 月	3	4	0.00
2016 年 3 月	3	4	0.00
2016 年 4 月	3	4	0.00
2016 年 5 月	20	26	0.00
2016 年 6 月	22	27	0.00
2016 年 7 月	22	27	0.00
2016 年 8 月	22	27	0.00
2016 年 9 月	22	31	0.00
2016 年 10 月	39	69	0.00
2016 年 11 月	50	64	0.00
2016 年 12 月	50	66	0.00
2017 年 1 月	50	66	0.00
2017 年 2 月	50	66	0.00
2017 年 3 月	50	66	0.00
2017 年 4 月	48	59	0.00
2017 年 5 月	37	60	0.00
2017 年 6 月	33	57	0.00
2017 年 7 月	34	46	0.00

续表

时间	月平均行车密度/(次/h)	月最大行车密度/(次/h)	大于85次/h的概率/%
2017 年 8 月	36	53	0.00
2017 年 9 月	33	52	0.00
2017 年 10 月	52	77	0.00
2017 年 11 月	52	70	0.00
2017 年 12 月	53	69	0.00
2018 年 1 月	53	72	0.00
2018 年 2 月	52	74	0.00
2018 年 3 月	53	71	0.00
2018 年 4 月	53	73	0.00
2018 年 5 月	40	70	0.00
2018 年 6 月	51	87	0.33
2018 年 7 月	51	71	0.00
2018 年 8 月	52	70	0.00
2018 年 9 月	43	67	0.00
2018 年 10 月	73	98	3.00
2018 年 11 月	72	87	0.66
2018 年 12 月	72	90	0.33
2019 年 1 月	72	89	0.83
2019 年 2 月	74	86	0.54
2019 年 3 月	76	92	2.5
2019 年 4 月	75	91	2.5
2019 年 5 月	56	88	1.02
2019 年 6 月	64	91	1.66
2019 年 7 月	64	82	0.00
2019 年 8 月	64	77	0.00
2019 年 9 月	55	81	0.00
2019 年 10 月	69	88	0.50
2019 年 11 月	69	87	0.17
2019 年 12 月	69	85	0.00
2020 年 1 月	67	87	0.33
2020 年 2 月	63	78	0.00
2020 年 3 月	59	75	0.00
2020 年 4 月	51	69	0.00
2020 年 5 月	45	63	0.00
2020 年 6 月	19	50	0.00
2020 年 7 月	20	35	0.00
2020 年 8 月	19	32	0.00
2020 年 9 月	18	29	0.00
2020 年 10 月	32	54	0.00

图 4.31　402 号/1、1 号临时桥/1 路段位置示意图

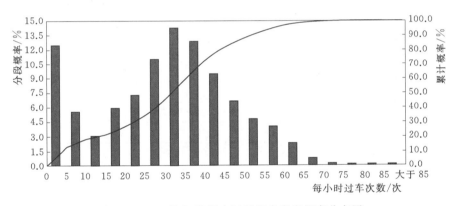

图 4.32　402 号/1 路段全过程行车密度概率分布图

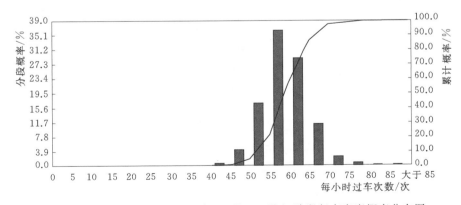

图 4.33　2018 年 10 月—2018 年 12 月 402 号/1 路段行车密度概率分布图

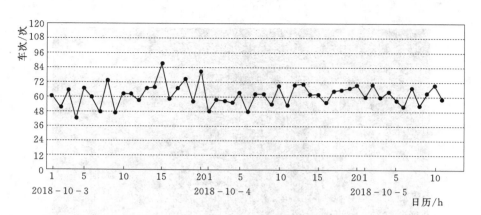

图 4.34 402 号/1 路段行车密度图

表 4.10   402 号/1 路段行车密度仿真成果表

时间	月平均行车密度/(次/h)	月最大行车密度/(次/h)	大于 85 次/h 的概率/%
2016 年 5 月	5	10	0.00
2016 年 6 月	5	10	0.00
2016 年 7 月	5	10	0.00
2016 年 8 月	5	10	0.00
2016 年 9 月	7	14	0.00
2016 年 10 月	32	55	0.00
2016 年 11 月	36	51	0.00
2016 年 12 月	38	56	0.00
2017 年 1 月	38	60	0.00
2017 年 2 月	36	56	0.00
2017 年 3 月	37	56	0.00
2017 年 4 月	35	49	0.00
2017 年 5 月	29	49	0.00
2017 年 6 月	29	57	0.00
2017 年 7 月	29	43	0.00
2017 年 8 月	31	52	0.00
2017 年 9 月	28	48	0.00
2017 年 10 月	46	72	0.00
2017 年 11 月	46	66	0.00
2017 年 12 月	47	66	0.00
2018 年 1 月	47	68	0.00
2018 年 2 月	47	70	0.00
2018 年 3 月	47	70	0.00
2018 年 4 月	47	66	0.00

时间	月平均行车密度/(次/h)	月最大行车密度/(次/h)	大于 85 次/h 的概率/%
2018 年 5 月	35	64	0.00
2018 年 6 月	42	81	0.00
2018 年 7 月	42	61	0.00
2018 年 8 月	43	61	0.00
2018 年 9 月	36	62	0.00
2018 年 10 月	61	80	0.00
2018 年 11 月	59	78	0.00
2018 年 12 月	58	77	0.00
2019 年 1 月	57	76	0.00
2019 年 2 月	40	63	0.00
2019 年 3 月	36	52	0.00
2019 年 4 月	36	52	0.00
2019 年 5 月	28	51	0.00
2019 年 6 月	21	50	0.00
2019 年 7 月	21	35	0.00
2019 年 8 月	21	36	0.00
2019 年 9 月	19	38	0.00
2019 年 10 月	30	49	0.00
2019 年 11 月	30	48	0.00
2019 年 12 月	30	45	0.00
2020 年 1 月	30	45	0.00
2020 年 2 月	30	45	0.00
2020 年 3 月	30	43	0.00
2020 年 4 月	30	48	0.00
2020 年 5 月	27	41	0.00
2020 年 6 月	19	38	0.00
2020 年 7 月	20	34	0.00
2020 年 8 月	19	32	0.00
2020 年 9 月	18	30	0.00
2020 年 10 月	32	55	0.00

4）3 号/8 路段。3 号/8 路段为 3 号公路中较繁忙的路段，泄水建筑物出口开挖及大坝后期填筑瓦支沟料场的物料运输都会经过 3 号/8 路段。

2015 年 9—12 月，泄水建筑物出口开挖的施工车辆经过 3 号/8 路段，造成此路段行车密度较高，平均行车密度为 55 次/h，最大行车密度为 63 次/h。施工全过程没有大于 85 次/h 行车密度的情况发生。

3 号/8 路段仿真成果如图 4.35～图 4.38、表 4.11 所示。

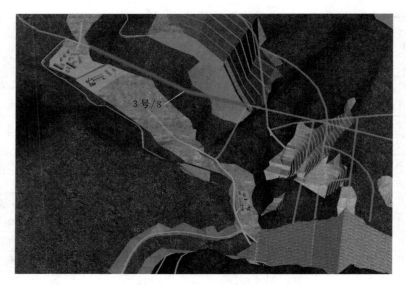

图 4.35　3 号/8 路段位置示意图

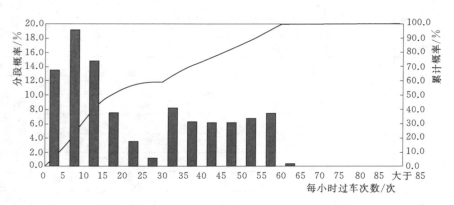

图 4.36　3 号/8 路段全过程行车密度概率分布图

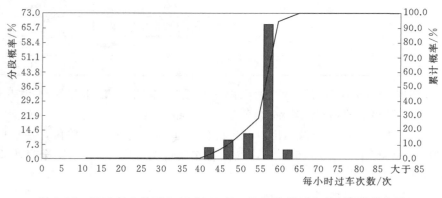

图 4.37　2015 年 9 月至 2015 年 12 月 3 号/8 路段行车密度概率分布图

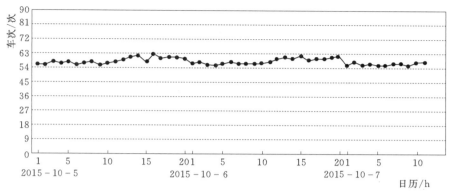

图 4.38 3 号/8 路段行车密度图

表 4.11 3 号/8 路段行车密度仿真成果表

时间	月平均行车密度/(次/h)	月最大行车密度/(次/h)	大于 85 次/h 的概率/%
2013 年 3 月	15	17	0.00
2013 年 4 月	16	18	0.00
2013 年 5 月	12	17	0.00
2013 年 6 月	11	21	0.00
2013 年 7 月	11	31	0.00
2013 年 8 月	17	34	0.00
2013 年 9 月	20	35	0.00
2013 年 10 月	20	38	0.00
2013 年 11 月	21	38	0.00
2013 年 12 月	16	37	0.00
2014 年 1 月	41	61	0.00
2014 年 2 月	41	62	0.00
2014 年 3 月	40	60	0.00
2014 年 4 月	35	60	0.00
2014 年 5 月	33	39	0.00
2014 年 6 月	33	40	0.00
2014 年 7 月	36	42	0.00
2014 年 8 月	36	42	0.00
2014 年 9 月	36	45	0.00
2014 年 10 月	37	46	0.00
2014 年 11 月	27	44	0.00
2014 年 12 月	17	41	0.00
2015 年 1 月	13	34	0.00
2015 年 2 月	19	37	0.00
2015 年 3 月	15	24	0.00
2015 年 4 月	47	50	0.00

时间	月平均行车密度/(次/h)	月最大行车密度/(次/h)	大于 85 次/h 的概率/%
2015 年 5 月	46	50	0.00
2015 年 6 月	45	49	0.00
2015 年 7 月	45	49	0.00
2015 年 8 月	45	47	0.00
2015 年 9 月	50	61	0.00
2015 年 10 月	57	63	0.00
2015 年 11 月	57	60	0.00
2015 年 12 月	56	61	0.00
2016 年 1 月	55	63	0.00
2016 年 2 月	53	61	0.00
2016 年 3 月	44	51	0.00
2016 年 4 月	46	56	0.00
2016 年 5 月	46	56	0.00
2016 年 6 月	41	57	0.00
2016 年 7 月	38	48	0.00
2016 年 8 月	38	49	0.00
2016 年 9 月	40	53	0.00
2016 年 10 月	38	48	0.00
2016 年 11 月	34	47	0.00
2016 年 12 月	7	18	0.00
2017 年 1 月	10	30	0.00
2017 年 2 月	9	25	0.00
2017 年 3 月	8	26	0.00
2017 年 4 月	7	20	0.00
2017 年 5 月	8	20	0.00
2017 年 6 月	8	20	0.00
2017 年 7 月	8	18	0.00
2017 年 8 月	9	29	0.00
2017 年 9 月	11	31	0.00
2017 年 10 月	12	33	0.00
2017 年 11 月	11	32	0.00
2017 年 12 月	10	29	0.00
2018 年 1 月	10	29	0.00
2018 年 2 月	11	30	0.00
2018 年 3 月	8	24	0.00
2018 年 4 月	7	24	0.00
2018 年 5 月	8	24	0.00

时间	月平均行车密度/(次/h)	月最大行车密度/(次/h)	大于85次/h的概率/%
2018 年 6 月	9	27	0.00
2018 年 7 月	9	25	0.00
2018 年 8 月	10	28	0.00
2018 年 9 月	11	28	0.00
2018 年 10 月	12	31	0.00
2018 年 11 月	11	26	0.00
2018 年 12 月	11	22	0.00
2019 年 1 月	10	23	0.00
2019 年 2 月	8	16	0.00
2019 年 3 月	7	14	0.00
2019 年 4 月	6	11	0.00
2019 年 5 月	7	12	0.00
2019 年 6 月	6	11	0.00
2019 年 7 月	6	11	0.00
2019 年 8 月	6	11	0.00
2019 年 9 月	5	11	0.00
2019 年 10 月	15	22	0.00
2019 年 11 月	15	21	0.00
2019 年 12 月	15	22	0.00
2020 年 1 月	15	22	0.00
2020 年 2 月	11	22	0.00
2020 年 3 月	10	16	0.00
2020 年 4 月	10	16	0.00
2020 年 5 月	9	16	0.00
2020 年 6 月	9	16	0.00
2020 年 7 月	9	14	0.00
2020 年 8 月	8	15	0.00
2020 年 9 月	6	11	0.00
2020 年 10 月	54	61	0.00
2020 年 11 月	54	61	0.00
2020 年 12 月	54	61	0.00
2021 年 1 月	54	61	0.00
2021 年 2 月	54	61	0.00
2021 年 3 月	55	62	0.00
2021 年 4 月	55	61	0.00
2021 年 5 月	31	59	0.00

5）下游永久桥/1 路段。在优化方案中，为缓解上游运输的较大压力，令引水系统部分洞挖料经过下游道路绕至左岸，通往上游瓦支沟 2 号渣场。这样必然会导致下游部分公路行车密度有所升高。对仿真结果进行分析得到，下游路段受影响较大的为下游永久桥，因下游永久桥在引水系统开挖的时段内还承担大坝Ⅲ区堆石料的运输。

在优化方案中改变行车路径的引水系统部分洞挖的施工时段为 2014 年 1 月至 2019 年 2 月，通过计算，下游永久桥在该时段的平均行车密度为 18 次/h，最大行车密度为 65 次/h。施工期内行车密度没有大于 85 次/h 的情况。由计算结果，下游永久桥及其他下游道路在该时段行车密度较小。因此，优化方案中改变的路径，对下游各道路行车影响不大。

下游永久桥仿真成果如图 4.39～图 4.42 所示。

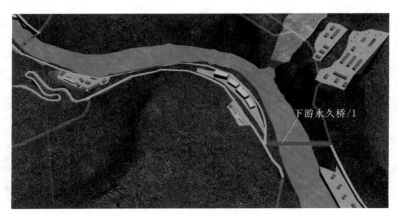

图 4.39　下游永久桥位置示意图

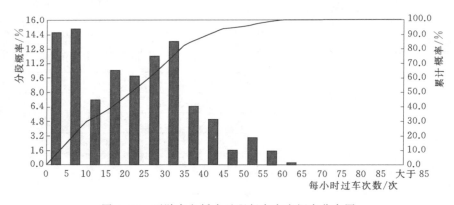

图 4.40　下游永久桥全过程行车密度概率分布图

6）11 号/1 路段。引水系统部分洞挖料经过下游道路绕至左岸，通往上游瓦支沟 2 号渣场。对仿真结果进行分析得到，左岸道路中 11 号公路受影响较大，其在引水系统开挖时期内还承担泄水建筑物进口与洞室溢洪道开挖料的运输。通过计算，11 号/1 路段在 2014 年 1 月至 2019 年 2 月的平均行车密度为 20 次/h，最大行车密度为 73 次/h。此路段施工全过程行车密度没有大于 85 次/h 的情况。

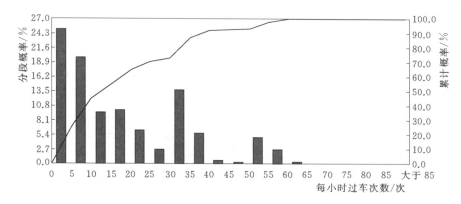

图 4.41　2014 年 1 月至 2019 年 2 月下游永久桥行车密度概率分布图

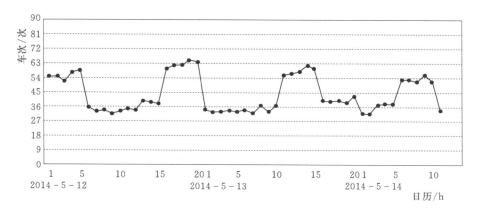

图 4.42　下游永久桥行车密度图

由计算结果，11 号/1 路段及其他左岸道路在该时段行车密度较小，因此可以得出，优化方案中改变的路径，对左岸对应的各道路行车影响不大。

11 号/1 路段仿真成果如图 4.43～图 4.46 所示。

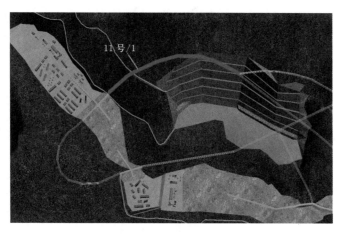

图 4.43　11 号/1 路段位置示意图

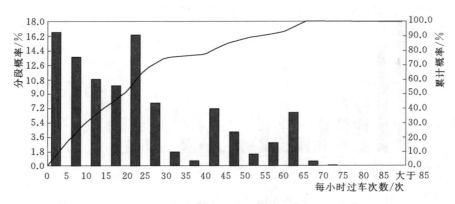

图 4.44　11 号/1 路段全过程行车密度概率分布图

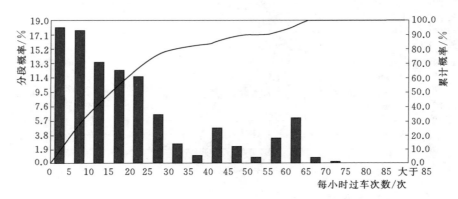

图 4.45　2014 年 1 月至 2019 年 2 月 11 号/1 路段行车密度概率分布图

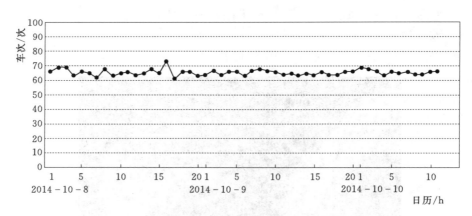

图 4.46　11 号/1 路段行车密度图

　　7）306 号/2 路段。306 号/2 路段即 306 号公路隧洞段，承担引水发电系统部分洞挖料及大坝填筑第八、九期上游堆石料的运输。2020 年 6—9 月，为第九期大坝填筑，由庆大河 1 号渣场 B 区备料场开采的上游堆石料经过 306 号/2 路段，平均行车密度为

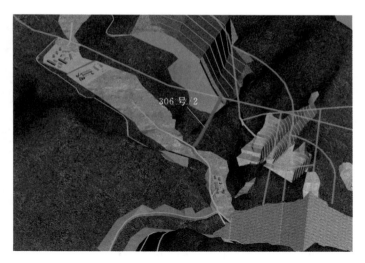

图 4.47　306 号/2 路段位置示意图

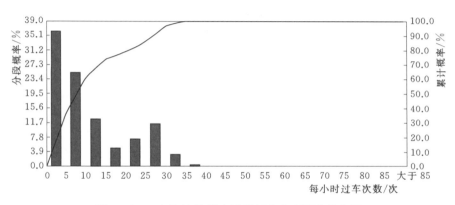

图 4.48　306 号/2 路段全过程行车密度概率分布图

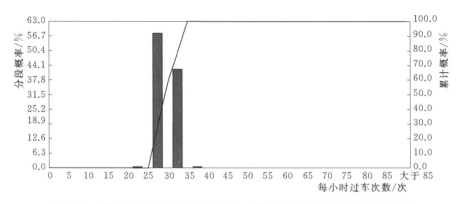

图 4.49　第 8 年 6 月至第 8 年 9 月 306 号/2 路段行车密度概率分布图

29 次/h，最大行车密度为 36 次/h。此路段施工全过程行车密度没有大于 85 次/h 的情况。

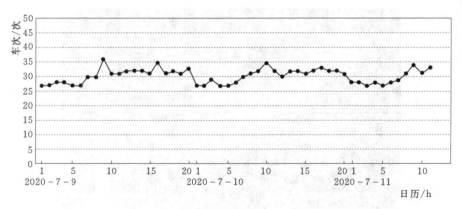

图 4.50　306 号/2 路段行车密度图

由计算结果，306 号/2 路段在整个施工期间行车密度较小，仿真成果如图 4.47～图 4.50 所示。

（3）施工高峰时段各典型路段行车密度分析。

1）整个施工过程中的施工高峰时段如下：

a. 2014 年 1 月至 2016 年 6 月，泄水建筑物出口（群）开挖。

b. 2013 年 8 月至 2016 年 2 月，泄水建筑物进口（群）开挖。

c. 2014 年 1 月至 2015 年 10 月，引水系统明挖。

d. 2014 年 12 月至 2018 年 10 月，引水系统洞挖。

e. 2018 年 6 月至 2020 年 9 月，大坝填筑第五至九期。

f. 2018 年 1 月至 2020 年 8 月，混凝土工程。

2）对各施工高峰时段典型路段的计算结果如下：

a. 泄水建筑物出口（群）开挖。泄水建筑物出口（群）开挖的施工高峰时段为 2014 年 1 月至 2016 年 6 月，各典型路段的计算成果见表 4.12。

b. 泄水建筑物进口（群）开挖。泄水建筑物进口（群）开挖的施工高峰时段为 2013 年 8 月至 2016 年 2 月，各典型路段的计算成果见表 4.13。

表 4.12　　　　　　　　2014 年 1 月至 2016 年 6 月泄水建筑物出口（群）
开挖工程典型路段行车密度仿真成果表

路段	时段平均行车密度/（次/h）	时段最大行车密度/（次/h）	大于 85 次/h 的概率/%
11 号/1	28	72	0
3 号/8	40	63	0
304 号/1	29	48	0
303−1 号/1	30	59	0
302 号/1	33	45	0
301 号/1	4	17	0

表 4.13　2013 年 8 月至 2016 年 2 月泄水建筑物进口（群）
开挖工程典型路段行车密度仿真成果表

路段	时段平均行车密度/（次/h）	时段最大行车密度/（次/h）	大于 85 次/h 的概率/%
11 号/1	29	73	0
3 号/8	37	63	0
306 号/2	12	38	0

c. 引水系统明挖。引水系统明挖的施工高峰时段为 2014 年 1 月至 2015 年 10 月，各典型路段的计算成果见表 4.14 和表 4.15。

表 4.14　2014 年 1 月至 2014 年 11 月引水系统明挖工程典型路段
行车密度仿真成果表

路段	时段平均行车密度/（次/h）	时段最大行车密度/（次/h）	大于 85 次/h 的概率/%
602 号/1	34	50	0
下游永久桥/1	39	65	0
3 号/8	36	62	0

表 4.15　2014 年 12 月至 2015 年 10 月引水系统明挖工程典型路段
行车密度仿真成果表

路段	时段平均行车密度/（次/h）	时段最大行车密度/（次/h）	大于 85 次/h 的概率/%
8 号/1	29	41	0
1 号临时桥/1	27	52	0

d. 引水系统洞挖。引水系统洞挖的施工高峰时段为 2014 年 12 月至 2018 年 10 月，各典型路段的计算成果见表 4.16。

表 4.16　2014 年 12 月至 2018 年 10 月引水系统洞挖工程典型路段
行车密度仿真成果表

路段	时段平均行车密度/（次/h）	时段最大行车密度/（次/h）	大于 85 次/h 的概率/%
下游永久桥/1	10	48	0
11 号/1	13	59	0
5 号/1	7	35	0
402 号/1	30	87	0.01
306 号/4	37	96	0.06
306 号/2	6	34	0
3 号/8	27	63	0
8 号/2	36	98	0.07
1 号临时桥/1	23	52	0

e. 第五期大坝填筑。第五期大坝填筑的施工时段为 2018 年 6 月至 2018 年 9 月，各典型路段的计算成果见表 4.17。

表 4.17　2018 年 6 月至 2018 年 9 月第五期大坝填筑典型路段行车密度仿真成果表

路段	时段平均行车密度/(次/h)	时段最大行车密度/(次/h)	大于 85 次/h 的概率/%
8 号/1	20	54	0
8 号/2	49	87	0.08
402 号/1	41	81	0
4 号/1	49	87	0.04
306 号/4	50	85	0
306 号/1	18	32	0
401 号/1	10	22	0
303 号/1	9	11	0
3 号/2	7	9	0

f. 第六期大坝填筑。第六期大坝填筑的施工时段为 2018 年 10 月至 2019 年 5 月，各典型路段的计算成果见表 4.18。

表 4.18　2018 年 10 月至 2019 年 5 月第六期大坝填筑典型路段行车密度仿真成果表

路段	时段平均行车密度/(次/h)	时段最大行车密度/(次/h)	大于 85 次/h 的概率/%
8 号/1	36	59	0
8 号/2	71	98	1.40
402 号/1	47	85	0
403 号/2	22	29	0
4 号/1	60	98	0.60
306 号/4	73	96	1.57
306 号/1	16	32	0
401 号/1	15	19	0
303 号/1	22	28	0
3 号/2	17	20	0

g. 第七期大坝填筑。第七期大坝填筑的施工时段为 2019 年 6 月至 2019 年 9 月，各典型路段的计算成果见表 4.19。

表 4.19　2019 年 6 月至 2019 年 9 月第七期大坝填筑典型路段行车密度仿真成果表

路段	时段平均行车密度/(次/h)	时段最大行车密度/(次/h)	大于 85 次/h 的概率/%
8 号/1	21	48	0
8 号/2	62	91	0.41
402 号/1	21	50	0
403 号/2	24	30	0
4 号/1	37	66	0

路段	时段平均行车密度/(次/h)	时段最大行车密度/(次/h)	大于 85 次/h 的概率/%
306 号/4	46	75	0
306 号/1	18	22	0
401 号/1	17	21	0
303 号/1	24	30	0
3 号/2	19	22	0

h. 第八期大坝填筑。第八期大坝填筑的施工时段为 2019 年 10 月至 2020 年 5 月，各典型路段的计算成果见表 4.20。

表 4.20　2019 年 10 月至 2020 年 5 月第八期大坝填筑典型路段行车密度仿真成果表

路段	时段平均行车密度/(次/h)	时段最大行车密度/(次/h)	大于 85 次/h 的概率/%
8 号/1	35	64	0
8 号/2	62	88	0.12
402 号/1	30	49	0
403 号/2	20	25	0
4 号/1	41	67	0
306 号/1	13	17	0
306 号/2	27	33	0
306 号/4	16	32	0
401 号/1	15	19	0
303 号/1	12	21	0
304 号/1	10	22	0
305 号/1	27	29	0
3 号/2	13	16	0
10 号/1	39	66	0
601 号/1	10	21	0

i. 第九期大坝填筑。第九期大坝填筑的施工时段为 2020 年 6 月至 2020 年 9 月，各典型路段的计算成果见表 4.21。

表 4.21　2020 年 6 月至 2020 年 9 月第九期大坝填筑典型路段行车密度仿真成果表

路段	时段平均行车密度/(次/h)	时段最大行车密度/(次/h)	大于 85 次/h 的概率/%
8 号/1	53	85	0
8 号/2	19	50	0
402 号/1	19	50	0

续表

路段	时段平均行车密度/(次/h)	时段最大行车密度/(次/h)	大于 85 次/h 的概率/%
4 号/1	19	50	0
306 号/1	18	22	0
306 号/2	29	36	0
306 号/4	19	52	0
304 号/1	11	14	0
305 号/1	29	34	0
3 号/2	8	10	0
10 号/1	36	71	0
10 号/2	19	26	0
601 号/1	16	21	0

j. 混凝土工程。混凝土工程的施工高峰时段为 2018 年 1 月至 2020 年 8 月，各典型路段的计算成果见表 4.22。

表 4.22　2018 年 1 月至 2020 年 8 月混凝土工程典型路段行车密度仿真成果表

路段	时段平均行车密度/(次/h)	时段最大行车密度/(次/h)	大于 85 次/h 的概率/%
3 号/8	10	31	0
3 号临时桥/1	9	24	0
90 号/3	7	20	0
301 号/1	8	23	0
306 号/1	16	32	0
306 号/2	14	36	0
306 号/4	46	96	0.39
402 号/1	36	85	0
4 号/1	46	98	0.16
8 号/1	33	86	0.01
8 号/2	57	98	0.44
10 号/1	35	71	0
10 号/2	7	26	0
401 号/2	5	15	0

（4）道路利用情况分析。通过仿真计算，得到各分项工程对于道路的利用情况，为确定各个分项工程对主干道的维护提供依据。以下介绍场内交通系统中几个较繁忙的路段如 3 号/8 路段及 1 号临时桥/1 路段的仿真结果。

1）3 号/8 路段。2014 年 1 月至 2016 年 4 月，为左岸泄水建筑物出口（群）开挖高峰期，左岸泄水建筑物——出口开挖及支护工程对 3 号/8 路段具有最大道路利用率，为 45.12%，如图 4.51 所示。

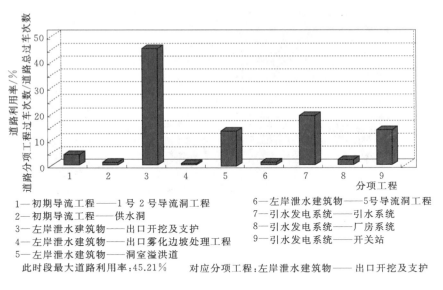

1—初期导流工程——1号2号导流洞工程　　　　6—左岸泄水建筑物——5号导流洞工程
2—初期导流工程——供水洞　　　　　　　　　　7—引水发电系统——引水系统
3—左岸泄水建筑物——出口开挖及支护　　　　　8—引水发电系统——厂房系统
4—左岸泄水建筑物——出口雾化边坡处理工程　　9—引水发电系统——开关站
5—左岸泄水建筑物——洞室溢洪道
　　此时段最大道路利用率：45.21%　　对应分项工程：左岸泄水建筑物——出口开挖及支护

图 4.51　3 号/8 路段利用率分布图

2）1 号临时桥/1 路段。2014 年 7 月至 2020 年 9 月，为 1 号临时桥的施工使用时段，大坝工程对 1 号临时桥/1 路段具有最大道路利用率，为 80.81%，如图 4.52 所示。

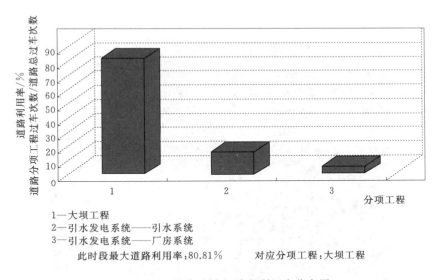

1—大坝工程
2—引水发电系统——引水系统
3—引水发电系统——厂房系统
　　此时段最大道路利用率：80.81%　　对应分项工程：大坝工程

图 4.52　1 号临时桥/1 路段利用率分布图

（5）岔口排队情况分析。通过仿真计算，得到岔口排队等待概率。以下介绍可能发生较大排队等待概率的 C10 号/1 岔口及 C8 号/1 岔口计算结果。

1）C10 号/1 岔口。2020 年 6 月至 2020 年 9 月，大坝工程土料运输车辆经过 C10 号/1 岔口（见图 4.53），此时段 C10 号/1 岔口的仿真结果见表 4.23。

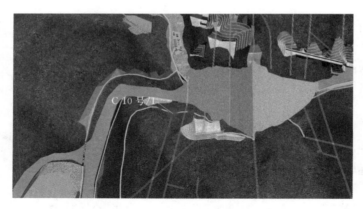

图 4.53 C10 号/1 岔口位置示意图

表 4.23 C10 号/1 岔口 2020 年 6 月至 2020 年 9 月排队等待情况

排队长度	排队等待概率/%（按时间统计）	排队等待概率/%（按过车次数统计）	日平均等待时间/min
1	0.78	7.66	
2	0.12	0.74	10.85
3	0.03	0.12	

2）C8 号/1 岔口。2019 年 6—9 月，大坝工程土料、堆石料及过渡料运输车辆经过 C8 号/1 岔口（见图 4.54）。此时段 C8 号/1 岔口的仿真结果见表 4.24。

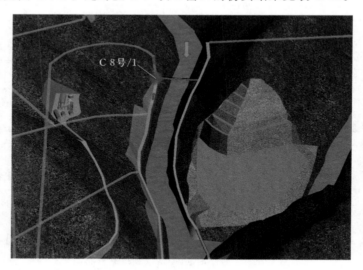

图 4.54 C8 号/1 岔口位置示意图

（6）各分项工程运输强度分析。通过仿真计算，得到分项工程运输强度统计图。大坝填筑工程、引水发电系统——厂房系统、引水发电系统——尾水系统的计算结果如下：

表 4.24　　C8 号/1 岔口 2019 年 6 月至 2019 年 9 月排队等待情况（优化方案）

排队长度	排队等待概率/%（按时间统计）	排队等待概率/%（按过车次数统计）	日平均等待时间/min
1	1.00	8.41	14.05
2	0.17	0.90	
3	0.03	0.15	

1）大坝填筑工程。2016 年 5 月至 2022 年 12 月，为大坝填筑时期，此时段运输总方量为 4447.5 万 m^3（此运输总方量 4447.5 万 m^3 包括从土料场到掺和料场及掺和料场至心墙填筑部位运输的叠加，所以比坝体填筑总量 4100 万 m^3 稍大），平均月运量为 55.6 万 m^3/月，最大月运量发生在 2019 年 6 月，为 88.5 万 m^3/月，2019 年 6 月至 2019 年 9 月为坝体第七期填筑，为坝体填筑高峰期，此时段大坝工程的运输强度如图 4.55 所示。

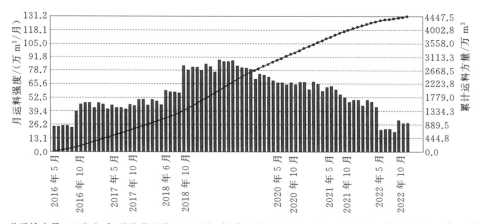

总运输方量：4447.5m^3　平均月运量：55.6 万 m^3/月　最大月运量：88.5 万 m^3/月　发生在：2019 年 6 月

图 4.55　大坝工程运输强度统计图

2）引水发电系统——厂房系统。2014 年 7 月至 2019 年 5 月，为引水发电系统——厂房系统施工时期，此时段运输总方量为 110.28 万 m^3，平均月运量为 1.8 万 m^3/月，最大月运量发生在 2018 年 1 月，为 4.8 万 m^3/月，2017 年 12 月至 2018 年 6 月为主副厂房及安装间与尾水管洞施工期，因此运输强度相对较高，此时段引水发电系统——厂房系统的运输强度如图 4.56 所示。

3）引水发电系统——尾水系统。2014 年 1 月至第 7 年 3 月，为引水发电系统——尾水系统施工时期，此时段运输总方量为 90.18 万 m^3，平均月运量为 1.4 万 m^3/月，最大月运量发生在 2017 年 8 月，为 6.0 万 m^3/月，2017 年 3 月至 11 月为尾水隧洞及尾调室施工期，因此运输强度相对较高，此时段引水发电系统——尾水系统的运输强度如图 4.57 所示。

（7）道路年运量分析。根据修订后的《水利水电工程施工组织设计规范》（SL 303—

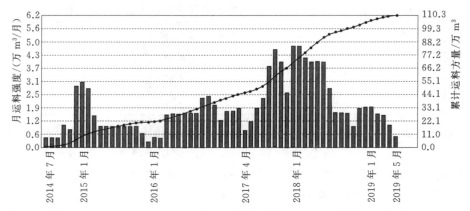

总运输方量：110.28 万 m³ 平均月运量：1.8 万 m³/月 最大月运量：4.8 万 m³/月 发生在：2018 年 1 月

图 4.56 引水发电系统——厂房系统运输强度统计图

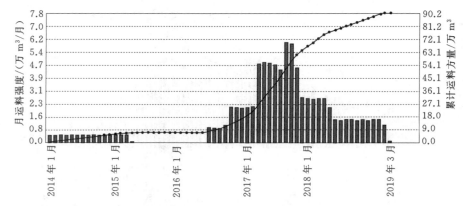

总运输方量：90.18 万 m³ 平均月运量：1.4 万 m³/月 最大月运量：6.0 万 m³/月 发生在：2017 年 8 月

图 4.57 引水发电系统——尾水系统运输强度统计图

2004），场内交通施工道路的等级判别标准以年运输量划分：一级公路应能适应年运量大于 1200 万 t；二级公路应能适应年运量 250 万～1200 万 t；三级公路应能适应年运量小于 250 万 t。

软件可以查询各条上坝道路整个施工过程中以及各施工期内的月运输量，并实现最大年运量的统计。

对两河口场内运输道路的统计，得到 8 号/2 路段上出现工程的最大年运量 1099.28 万 t，发生在 2019 年 2 月至次年 1 月。这条运输道路承担两河口石料场及上游土料场的物料运输。造成运输强度较大的主要原因是大坝工程的第六期至第八期，这一时段是坝体填筑的高峰期，两河口石料及上游土料的运输强度大，经过 8 号/2 路段，造成了该时间段的高运输量。8 号/2 路段全过程运输强度及累计曲线如图 4.58 所示。

（8）场内交通道路等级分析。通过对各条道路的行车密度与年运输量的仿真计算分析，得出施工场内的二级道路能满足施工强度要求。但有 5 条矿山三级公路不能满足施工

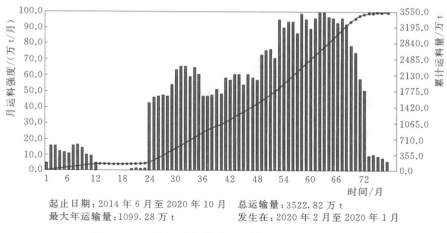

起止日期：2014 年 6 月至 2020 年 10 月　　总运输量：3522.82 万 t
最大年运输量：1099.28 万 t　　　　　　　发生在：2020 年 2 月至 2020 年 1 月

图 4.58　8 号/2 路段全过程运输强度及累计曲线图

强度要求，这 5 条三级公路分别是 602 号、8 号、10 号、1201 号及 301 号公路，仿真计算结果如下：

1）602 号公路。602 号公路（如图 4.59 所示）承担了引水系统进水口以及开关站开挖料的运输。2014 年 1 月引水系统进水口明挖以及开关站明挖工程开始，运输强度大，造成了 602 号公路在 2014 年 1—12 月这一年时间的高运输量，达 557.55 万 t，超过了规范要求的 250 万 t。602 号公路全过程大于 25 次/h 的全过程行车密度概率为 86.88%，行车密度较大。602 号公路的仿真成果如图 4.60 和图 4.61 所示。

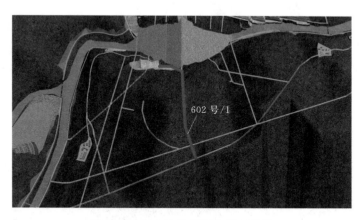

图 4.59　602 号/1 路段位置示意图

2）8 号公路。8 号公路（见图 4.62）承担了引水系统进水口开挖料及大坝工程心墙料的运输。2020 年 6 月至 2020 年 9 月，两河口石料场的堆石料通过 8 号/1 路段上坝，运输强度大，造成了 8 号公路在 2019 年 10 月至 2020 年 9 月这一年时间的高运输量，达 515.63 万 t，超过了规范要求的 250 万 t。8 号公路大于 25 次/h 的全过程行车密度概率为 61.75%，行车密度较大。8 号公路的仿真成果如图 4.63 和图 4.64 所示。

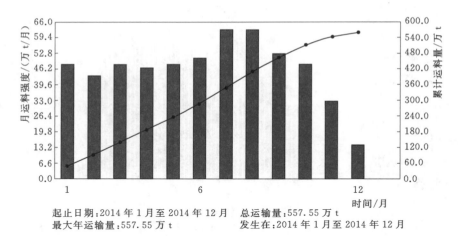

起止日期:2014 年 1 月至 2014 年 12 月   总运输量:557.55 万 t
最大年运输量:557.55 万 t   发生在:2014 年 1 月至 2014 年 12 月

图 4.60 602 号/1 路段全过程运输强度及累计曲线图

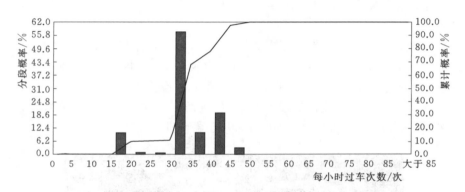

图 4.61 602 号/1 路段全过程行车密度概率分布图

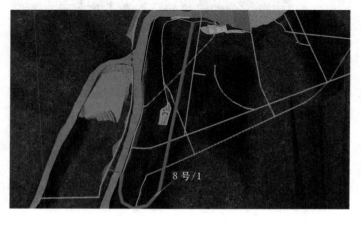

图 4.62 8 号/1 路段位置示意图

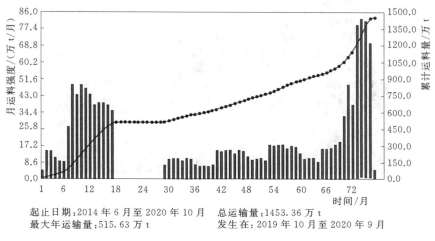

起止日期:2014 年 6 月至 2020 年 10 月　总运输量:1453.36 万 t
最大年运输量:515.63 万 t　发生在:2019 年 10 月至 2020 年 9 月

图 4.63　8 号/1 路段全过程运输强度及累计曲线图

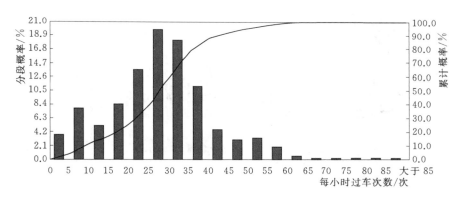

图 4.64　8 号/1 路段全过程行车密度概率分布图

3) 10 号公路。10 号公路(见图 4.65)承担了大坝工程心墙料及部分下游堆石料、过渡料的运输。2020 年 3—9 月,两河口石料场的堆石料通过 10 号/1 路段通往下游坝面上坝,上游土料经过 10 号/1,运输强度大,造成了 10 号公路在 2019 年 10 月至 2020 年 9 月这一年时间的高运输量,达 398.68 万 t,超过了规范要求的 250 万 t。10 号公路大于 25 次/小时的全过程行车密度概率为 64.34%,行车密度较大。10 号/1 路段的仿真成果如图 4.66 和图 4.67 所示。

4) 1201 号公路。1201 号公路(见图 4.68)承担了引水系统进水口明挖及部分地下洞室洞挖的开挖料运输。2014 年 12 月引水系统进水口明挖工程开始经过 1201 号公路,运输强度大,造成了 1201 号公路在 2014 年 11 月至 2015 年 10 月这一年时间的高运输量,达 420.82 万 t,超过了规范要求的 250 万 t。1201 号公路大于 25 次/h 的全过程行车密度概率为 47.21%,行车密度较大。1201 号公路的仿真成果如图 4.69 和图 4.70 所示。

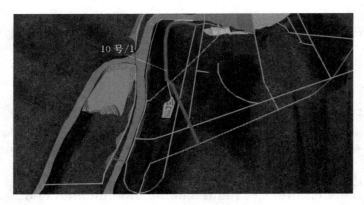

图 4.65　10 号/1 路段位置示意图

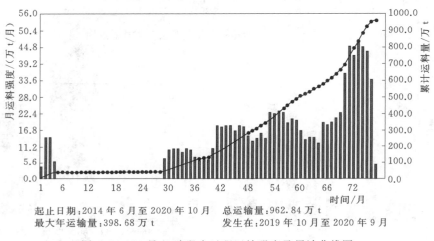

起止日期:2014 年 6 月至 2020 年 10 月　　总运输量:962.84 万 t
最大年运输量:398.68 万 t　　　　　　　　发生在:2019 年 10 月至 2020 年 9 月

图 4.66　10 号/1 路段全过程运输强度及累计曲线图

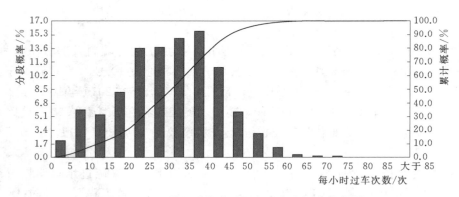

图 4.67　10 号/1 路段全过程行车密度概率分布图

5)301 号公路。301 号公路(见图 4.71)承担了混凝土工程物料及泄水建筑物出水口开挖料的运输。2016 年 6 月泄水建筑物出水口明挖料运输开始经过 301 号公路,造成了 301 号公路在 2015 年 12 月至 2016 年 11 月这一年时间的高运输量,达 270.75 万 t,超过

图 4.68　1201 号/1 路段位置示意图

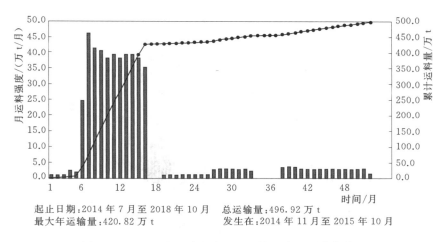

起止日期:2014 年 7 月至 2018 年 10 月　　总运输量:496.92 万 t
最大年运输量:420.82 万 t　　　　　　　发生在:2014 年 11 月至 2015 年 10 月

图 4.69　1201 号/1 路段全过程运输强度及累计曲线图

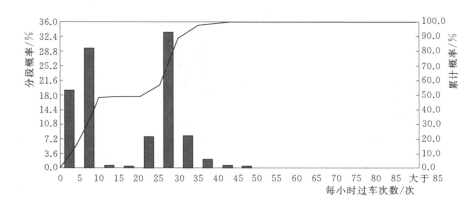

图 4.70　1201 号/1 路段全过程行车密度概率分布图

了规范要求的 250 万 t。301 号公路大于 25 次/小时的全过程行车密度概率为 9.38%，行车密度较大。301 号公路的仿真成果如图 4.72 和图 4.73 所示。

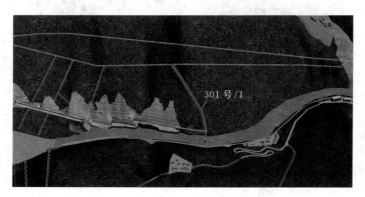

图 4.71　301 号/1 路段位置示意图

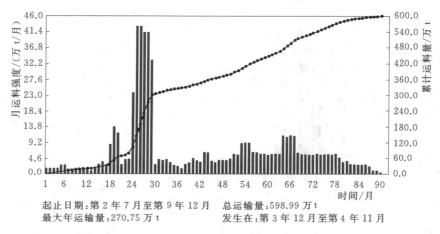

起止日期：第 2 年 7 月至第 9 年 12 月　　总运输量：598.99 万 t
最大年运输量：270.75 万 t　　发生在：第 3 年 12 月至第 4 年 11 月

图 4.72　301 号/1 路段全过程运输强度及累计曲线图

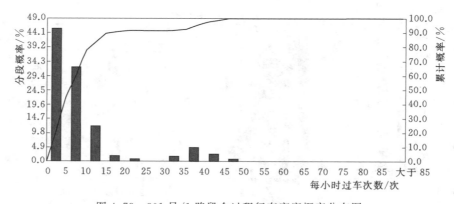

图 4.73　301 号/1 路段全过程行车密度概率分布图

（9）可视化仿真技术应用。由各岔口的排队等待情况仿真结果，场内交通系统中所有岔口排队等待概率按时间统计均小于 2%，排队等待概率按过车次数统计均小于 10%。因此，在整个场内交通运输过程中，各岔口发生排队等待的情况较少。

通过对各条道路的行车密度与年运输量的仿真计算分析，得出施工场内的二级道路能满足施工强度要求。但有 5 条矿山三级公路不能满足施工强度要求，这 5 条三级公路分别是 602 号、8 号、10 号、1201 号及 301 号公路，需将以上 5 条道路升至矿山二级公路。

通过对各条道路的年运量的仿真计算，在整个两河口水电站施工期内所有场内运输道路皆小于 1200 万 t 的年运量。

4.4.2.2　溪洛渡水电站应用实例

溪洛渡水电站工程建筑物集中布置于溪洛渡峡谷及两岸山体内，由于工程区岸坡陡峻，布置明线公路困难大，故较多地利用了永久性建筑物交通洞线等作为场内交通主干道。

溪洛渡水电站工程因坝址位于峡谷河段，土石方挖填和混凝土浇筑量巨大，场内交通将是制约工程快速施工的关键问题，因此对场内交通道路的布置进行了深入研究，进行了计算机模拟分析，通过计算机模拟分析，在对场内交通布置和土石方调运方案及流向逐步优化的基础上，提出了场内交通布置方案。

（1）道路高峰运输时段。从计算机模拟计算的结果看，在施工期间，场内交通运输最繁忙的阶段有以下两个：

1）第一高峰运输时段。第 4 年的 1 月，持续时间 1 个月，场内交通运输最繁忙的运输路段为自下游永久交通桥右岸岔口至溪洛渡沟渣场路段，高峰期双向昼夜运输量约为 3400 车次/昼夜（双向）。在这个时期，本路段所涉及的主要施工项目有左岸导流洞洞挖、左右岸坝肩 565.00m 高程以下明挖、左右岸地下厂房部分洞挖、右岸尾水洞挖，这些项目产生的开挖渣量均要运往塘房坪渣场作为大坝的混凝土骨料料源；另外右岸尾调室洞洞挖料运往溪洛渡沟渣场也要经过该路段。

2）第二高峰运输时段。第 5 年 4—6 月，持续时间约 3 个月，最繁忙的运输路段为自下游永久交通桥右岸岔口至溪洛渡沟渣场路段，高峰期双向昼夜运输量为 3400 次/昼夜（双向）。这个时期，本路段所涉及的主要施工项目有水垫塘开挖、左右岸厂房系统部分开挖、坝基开挖。造成本时段交通繁忙的主要原因是左右岸地下厂房系统开挖处于高峰期，有以下部位的渣料需通过该路段：①右岸地下厂房洞挖渣料运至溪洛渡沟渣场，作为本工程的混凝土骨料料源。②左、右岸地下厂房的多余洞挖渣料（除本工程用渣料外）运至塘房坪渣场，作为大坝的混凝土骨料料源。

除以上两个运输高峰时段外，整个施工时段最繁忙的路段仍然是下游永久交通桥右岸岔口至溪洛渡沟渣场路段。在第 3 年 12 月到第 4 年 1 月和第 5 年 6 月到第 6 年 3 月的时间，本路段的行车流量在 3000 车次/昼夜左右，此外另有两年多的时间行车流量在 2500 次/昼夜左右。

其余的路段除了与本路段相连路段车流量较高外，大部分路段的行车流量均在 2000 次/昼夜以下。

（2）岔口排队。根据计算机模拟计算结果，整个场内交通在施工期比较繁忙的岔口有下游永久交通桥左、右岸桥头、下游低线公路与右岸交通洞岔口、左岸交通洞与左岸下游低线交叉路口、溪洛渡沟渣场出口等。在运输高峰期，最繁忙岔口无排队概率在 80％左右，排队车辆数量大部分是 1 辆。

综上所述，通过场内交通运输的计算机模拟计算分析结果，场内交通运输最繁忙的时段集中在第 3 年至第 5 年间，个别路段（下游交通桥右岸桥头至溪洛渡沟渣场）最大行车流量为 3400 次/昼夜（双向），持续时间约 3 个月。除上述路段外，其余大部分路段均在 2000 次/昼夜（双向）以下，且车流量较为均匀；运输高峰期，岔口无排队概率在 80％左右，排队车辆数量大部分是 1 辆，这充分说明溪洛渡水电站场内交通布置可行，标准选择合理，能保证施工顺利进行。

第 5 章

三维总布置设计技术

　　水电工程施工总布置是施工组织设计的一项重要内容，主要根据工程区的地形、地貌、水文、地质、气象等条件，结合水工枢纽、永久性建筑物布置情况，考虑环保、移民、当地社会环境等因素，为满足施工期间的分期、分区、分标的要求，对工程施工场地如料场、渣场、营地、施工工厂及设施等进行科学的规划，对工程质量、进度、投资控制、建设管理等具有十分重要的意义。

　　水电工程施工总布置是一项相当复杂的系统工程，以往设计和决策人员只能依靠二维图纸和现场调研进行简单、直观、经验性的设计和决策，工作量大且烦琐、效率低下。随着计算机技术、三维设计软件的快速发展和在各行业中的广泛应用，三维协同设计技术被引入水电工程施工设计中，施工总布置设计人员可以同时在一个协同设计平台下进行工作，工程区三维地形形象直观，提高了设计人员的判断力和设计效率，而且实现了三维施工总布置成果的数字化、可视化。

　　CATIA（Computer Aided Tri - Dimensional Interactive Application，计算机辅助三维交互式应用）是法国达索公司在 70 年代开发的高档 CAD/CAM 软件，是世界上一种主流的 CAD/CAE/CAM 一体化软件。

　　CATIA 是 CAD/CAE/CAM 一体化软件，位居世界 CAD/CAE/CAM 领域的领导地位，广泛应用于航空航天、汽车制造、造船、机械制造、电子/电器、消费品行业，它的集成解决方案覆盖所有的产品设计与制造领域，其特有的 DMU 电子样机模块功能及混合建模技术更是推动着企业竞争力和生产力的提高。CATIA 提供方便的解决方案，迎合所有工业领域的大、中、小型企业需要。

　　水电工程施工总布置所牵涉的专业主要有测绘、地质、规划、水工、施工、机电、交通、环保、移民等，为多专业产品。CATIA 能将上述专业结合在一起，进行三维协同设计，实现了同一环境下多专业同时工作，提高了工作效率，增强了专业间的协同，其设计成果数字化、可视化程度高。通过施工总布置三维设计，可实现施工场地的合理化、最大化利用，避免粗放式规划施工场地，减少工程占地，有利于实现绿色施工总布置。

5.1　施工总布置三维设计技术

　　施工总布置三维设计内容主要包括施工导流建筑物、场内交通、桥梁规划设计、料场开采规划设计、渣场规划设计、场地平整设计，以及施工工厂设施等主要施工生产、生活设施的规划设计。

5.1.1　场内交通三维设计

运用 CATIA 三维实体模型设计分析方法，建立公路、跨河（沟）桥梁、隧道三维模型。可对公路、隧道的洞线进行及时调整，使公路走线更能适合地形条件。实现参数化设计，可以直观、快捷地调整公路的走线、桥梁的轴线，提高了设计效率。

（1）直接在三维地形图上通过控制点快速布置公路轴线，初步观察线路走向的合理性并进行调整。直接绘制的公路轴线图和公路轴线调整图如图 5.1 和图 5.2 所示。

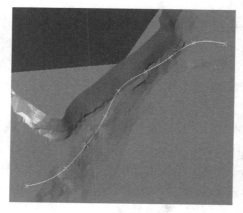

图 5.1　直接绘制的公路轴线图

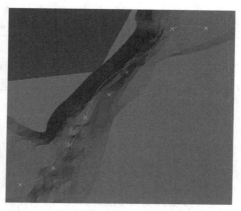

图 5.2　公路轴线调整图

（2）根据公路起点、终点、设计轴线，调用知识工程创建的公路模板，完成道路三维模型的建立，如图 5.3 所示，可实现公路边坡开挖、路基回填工程量的精确计算。

（3）利用 CATIA 知识工程建立参数化桥梁模板，根据设计线型，选择桥梁起点、终点，并输入相关参数，可快速完成跨河（沟）桥梁三维模型的建立。桥梁模型如图 5.4 所示。

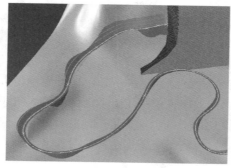

图 5.3　道路模型

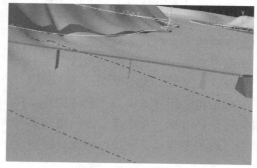

图 5.4　桥梁模型

（4）利用 CATIA 知识工程建立参数化隧道模板，可实现地下水工建筑物施工通道、公路隧洞的快速设计。公路隧洞如图 5.5 所示。

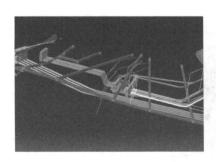

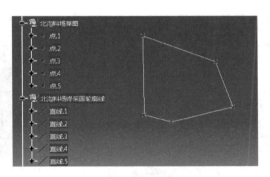

图 5.5　公路隧洞　　　　　　　　　图 5.6　料场终采面轮廓线

5.1.2　料场开采三维设计

运用 CATIA 三维实体模型设计分析方法，建立料场三维模型。可对料场开采范围及数量进行及时调整，直到达到工程要求的规划开采量为止。该方法实现参数化设计，可以准确、直观、快捷地得出料场开采量，同时大大提高了数据精度，最大化利用料场开采范围，节约工程占地，有利于实现绿色施工总布置。

（1）利用控制点进行料场终采面轮廓线设计。料场终采面轮廓线如图 5.6 所示。

（2）利用 CATIA 环境下的自主研发的 Slopesmart 设计工具进行料场开采边坡设计。坡面创建如图 5.7 所示，料场开挖面如图 5.8 所示。

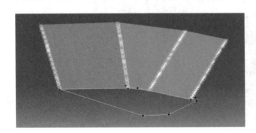

图 5.7　坡面创建　　　　　　　　　图 5.8　料场开挖面

（3）利用布尔运算，将料场开挖面与实际地形进行运输，生成料场开挖体和料场开挖面，如图 5.9 和图 5.10 所示。

（4）生成料场开采三维设计图，如图 5.11 所示。

（5）利用三维设计成果进行数据输出，可以直接生成料场开采量、面积、终采高程、边坡高度等数据。料场开采量计算输出如图 5.12 所示。

5.1.3　场地平整三维设计

CATIA 可以快速进行所需的场地平整设计，快速计算出场地平整的开挖、回填工程量及场平面积等。通过调整场地轮廓和控制点参数，实现了场地平整的方案优选及参数化设计。场地平整三维设计可以依据三维地形和地质条件，实现场地快速选择、设计，实现场地合理化、最大化利用，有利于减少工程占地，也有利于实现绿色施工总布置。

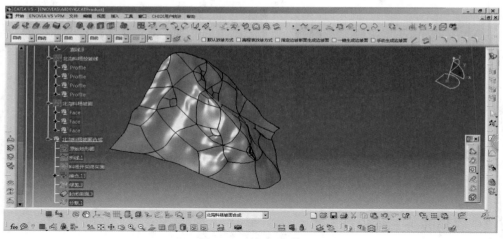

图 5.9　料场开挖体

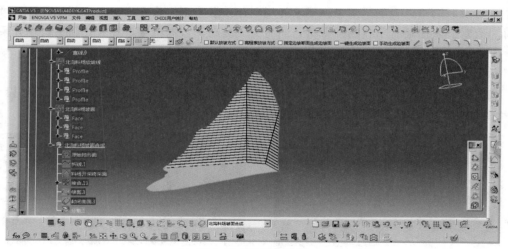

图 5.10　料场开挖面

图 5.11　料场开采三维设计图

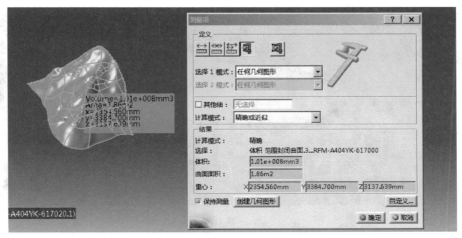

图 5.12　料场开采量计算输出

（1）利用控制点进行场地轮廓线设计，如图 5.13 所示。

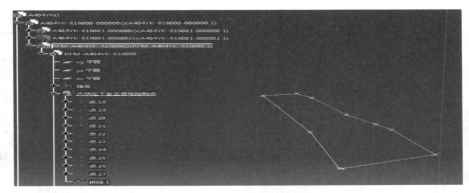

图 5.13　场地轮廓线设计

（2）利用 CATIA 环境下自主研发的 Slopesmart 设计工具，进行场地开挖、回填放坡设计。接合开挖区域面和接合回填区域面如图 5.14 和图 5.15 所示。

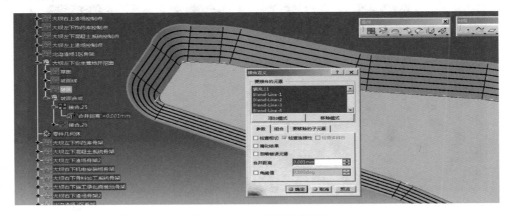

图 5.14　接合开挖区域面

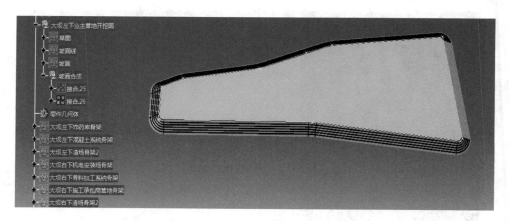

图 5.15 接合回填区域面

（3）利用布尔运算，将开挖面与原始地形进行运算，生成场地开挖体和开挖面，如图 5.16 和图 5.17 所示。

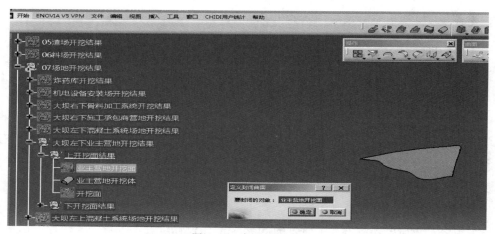

图 5.16 场地开挖体

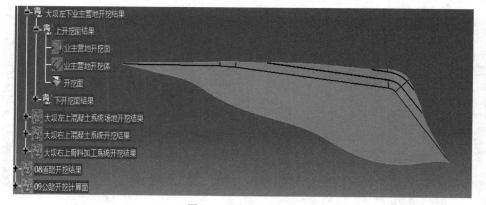

图 5.17 场地开挖面

（4）利用布尔运算，生成场地回填面和回填体。场地回填体如图5.18所示。

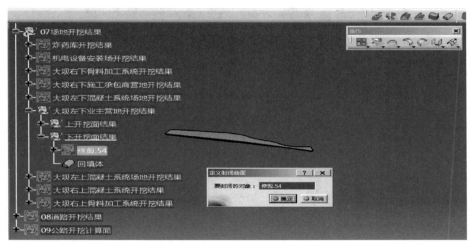

图5.18　场地回填体

（5）形成最终场地平整三维设计效果。场地平整全貌如图5.19所示。

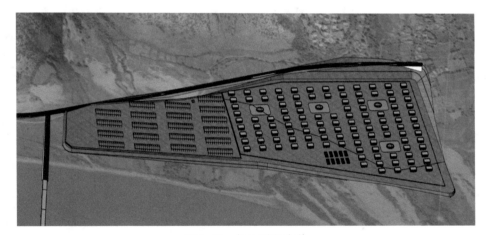

图5.19　场地平整全貌

（6）利用生成的开挖体，计算场平开挖量。场地平整开挖量数据输出如图5.20所示。

图5.20　场地平整开挖量数据输出

（7）利用生成的回填体，输出回填工程量。场地平整回填量数据输出如图 5.21 所示。

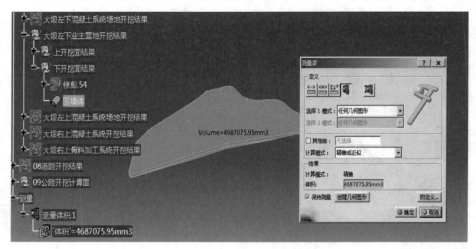

图 5.21 场地平整回填量数据输出

（8）同时，利用最终形成的场地三维模型，可以输出场地平整面积，并可结合实际需求进行调整。场地平整面积输出如图 5.22 所示。

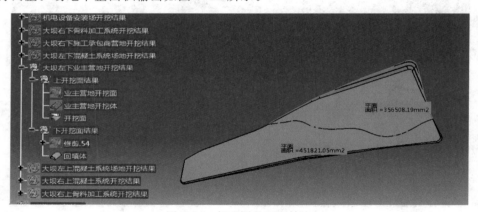

图 5.22 场地平整面积输出

5.1.4 渣场规划三维设计

CATIA 可以快速进行所需的渣场规划设计，快速计算出渣场的容量及面积等。通过调整渣顶轮廓和控制点参数，实现了渣场规划方案优选及参数化设计。通过渣场三维设计，可实现渣场容量准确计算，实现最大化利用渣场，减少渣场施工占地，有利于实现绿色施工总布置。

（1）利用控制点进行渣场顶部轮廓线设计，如图 5.23 所示。

（2）利用 CATIA 环境下自主研发的 Slopesmart 设计工具，进行渣场回填面设计。接合回填区域面如图 5.24 所示。

（3）将渣场回填面与原始地形进行布尔运算，生成渣场回填体，如图 5.25 所示。

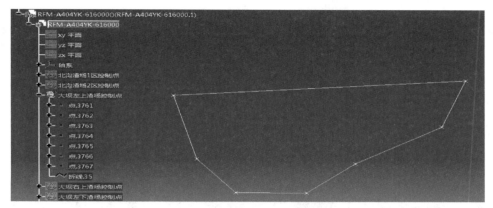

图 5.23　渣场顶部轮廓线设计

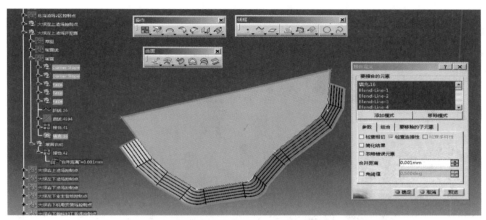

图 5.24　接合回填区域面

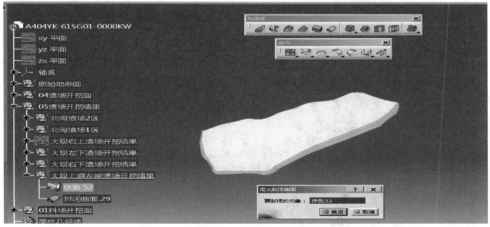

图 5.25　渣场回填体

（4）与原始地形贴合，得到渣场最终三维设计成果。渣场全貌如图 5.26 所示。

（5）利用三维设计成果，输出渣场容量，可结合工程实际调整渣场容量。渣场容量数据输出如图 5.27 所示。

图 5.26　渣场全貌

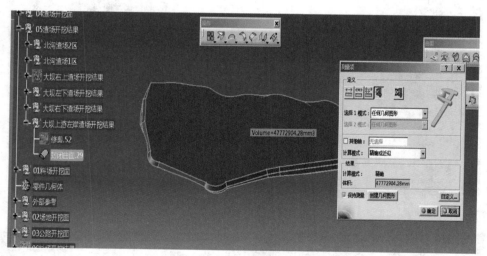

图 5.27　渣场容量数据输出

（6）利用三维设计成果，输出渣场顶部面积。渣场顶部面积数据输出如图 5.28 所示。

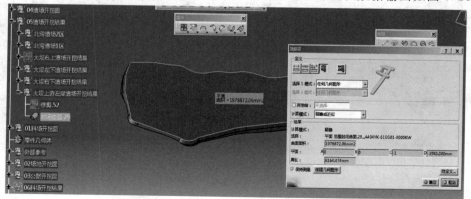

图 5.28　渣场顶部面积数据输出

5.1.5 施工工厂设施三维设计

（1）离线设计建模，完成后导入 VPM。在离线环境下设计施工工厂设施三维模型，在所分配的 VPM 节点下完成了设施的三维设计（见图 5.29~图 5.32），所建模型实现部分参数化，模型精度较高。

图 5.29 VPM 供水系统装配后模型界面

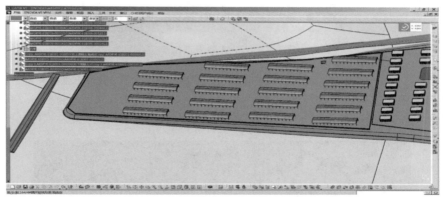

图 5.30 VPM 综合仓库系统装配后模型界面

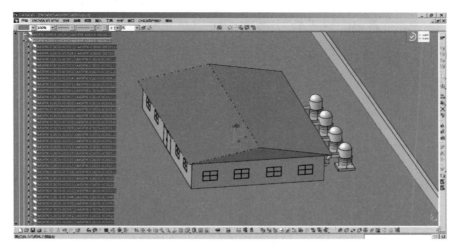

图 5.31 VPM 供风系统装配后模型界面

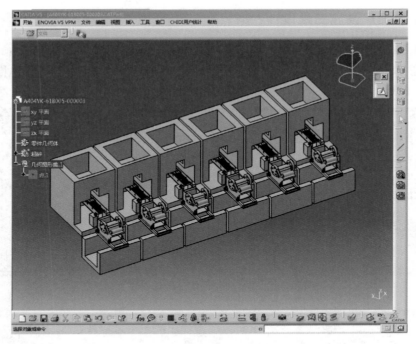

图 5.32　VPM 砂石系统模型

（2）效果展示。砂石加工系统、混凝土生产系统、供水系统、综合仓库及供风系统等施工设施的主要构筑物将其布置型式以三维型式直观体现，如图 5.33 和图 5.34 所示，可满足外观效果展示要求。

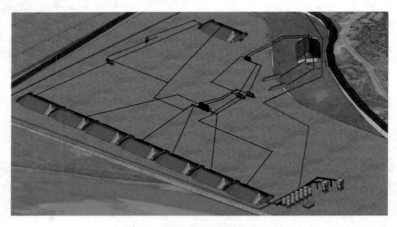

图 5.33　砂石加工系统三维布置

5.1.6　三维协同设计技术

水电工程施工总布置三维设计最大的难点在于大多数施工布置内容都是基于实际地形地质条件，各工程间规律性不强，可复制性不强，对模块化模型设计来说是巨大的挑战。

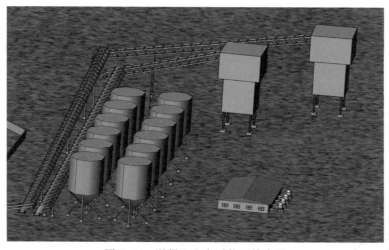

图 5.34　混凝土生产系统三维布置

另外，水电工程施工总布置内容相当复杂，无法全部实现标准化、模块化设计，需要大量的手工处理；而且，水电工程所牵涉的专业众多，相互之间的约束控制关系复杂，在施工总布置设计时需要全面考虑各种因素，由于太多的情况需要考虑，又无法面面俱到，因而易造成施工总布置三维设计的种种缺陷。

施工总布置三维设计主要是在中国电建成都院设计云平台 VPM 上协同展开并基于 CATIA 软件完成的，设计过程中数据统一集成到 VPM 平台上，实现了跨专业以及专业内的三维协同设计，提高了设计效率，设计成果数字化、可视化程度高，VPM 平台下的多专业协同设计流程如图 5.35 所示。

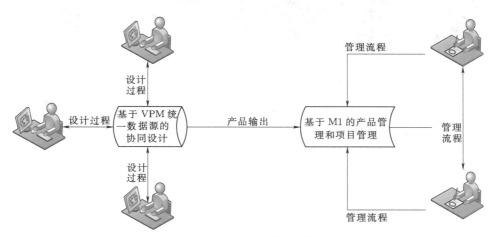

图 5.35　VPM 平台下的多专业协同设计

某水电工程施工总布置采用基于 CATIA&VPM 协同平台的三维设计，各单元模型实现了参数化设计，并实现设计方案的快速调整，设计成果可视化程度高，直观明了，优化了枢纽布置与施工总布置之间的相对关系，优化设计效果显著，最终三维设计效果如图 5.36 所示。完成主要成果包括以下几个方面：

（1）多专业间的三维协同设计。

（2）施工总布置三维可视化效果整体展示。

（3）场内公路的快速布置、道隧形式的辅助决策。

（4）料场开采规划方案的比选和开采量计算。

（5）渣场的快速选址、方案比选以及容量计算调整。

（6）场地平整的快速设计、方案比选和场平工程量计算。

（7）砂石加工系统、混凝土生产系统以及生活营地等主要施工生产和生活设施的平面布局。

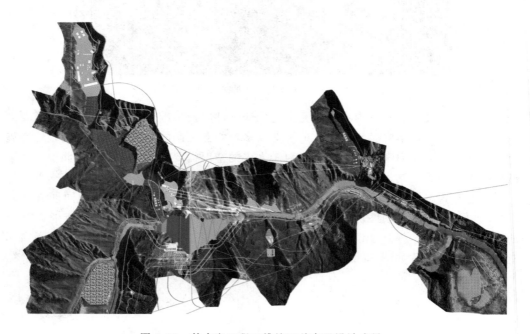

图 5.36　某水电工程三维施工总布置设计成果

5.2　三维设计技术在绿色施工总布置中的应用

目前，水电工程大多处于高山峡谷地区，地形陡峻，施工场地条件差。此类水电工程建设所需的施工设施的场地面积大，现有的地形条件往往难以满足工程要求，需要利用工程开挖渣料填筑沟道、滩地、坡地等以形成工程建设所需的施工场地。通过弃渣填筑形成的施工场地既消耗掉了工程开挖渣料，又形成了满足工程要求的施工场地，有利于环境保护，为绿色施工布置技术的典型体现。但这类施工场地往往存在时空问题，为了直观、形象地展现施工场地的形成过程、弃渣的堆放过程，明确形成时间，并进行渣料的合理调运，需要利用渣场三维动态设计技术。

第一步，根据工程土石方总调运规划，结合工程施工进度计划，对关键时间节点以及场地形成的时间节点进行分析研究，并将各时间节点的弃渣情况进行分析整理。

第二步，利用 CATIA 三维软件建立施工场地的三维模型，对场地填筑形成所需的总渣料进行精确计算（见渣场规划三维设计技术）。

第三步，以时间节点为控制点，将施工场地三维模型进行分割，分别建立各时间节点弃渣量的三维模型。

第四步，利用 3D Composer 软件将各时间节点的三维模型进行动态展示，动态展现施工场地的填筑形成过程。

通过渣场三维动态设计技术，可以将施工场地、渣场的填筑形成过程形象、直观地展现，并落实施工场地的形成时间，较好地解决施工场地的时空关系，并对工程开挖渣料进行科学合理的调运。

两河口水电站位于高山峡谷地区，坝址区地形陡峻，可供利用的施工场地匮乏，根据设计报告，工程施工场地主要利用大坝工程区的庆大河渣场、瓦支沟渣场以及左下沟渣场顶部平台。两河口水电站工程规模巨大，所需的施工场地规模亦巨大，而且施工场地能否按时形成，直接关系着工程的建设进度，因此需要对工程的开挖渣料调运与施工场地的形成时间进行动态研究，以便对工程开挖渣料进行合理调运。

两河口水电站大坝工程标的掺合料、反滤料加工系统、混凝土骨料加工系统、土料掺和场等施工场地主要集中布置在瓦支沟渣场 2730.00m 高程、2800.00m 高程平台上，两个平台还分别布置了 3 号公路、11 号公路与 13 号公路的连接路，渣场设计堆渣总量约2270 万 m³。为复核瓦支沟渣场递进式堆渣形成场地的时间能否满足主体工程施工需要，开展了专项研究工作。由于两河口水电站枢纽区的庆大河渣场和左下沟渣场平台也设计为施工场地，为便于整体把控，研究工作将 3 个渣场一并纳入开展研究。

（1）渣场现状：以现场测量数据为基础。两河口水电站坝址区渣场现状特性见表 5.1。

表 5.1　　　　　　　两河口水电站坝址区渣场现状特性（2014 年 3 月）

渣场名称	部位	设计容量 /万 m³	剩余容量 /万 m³	备注
庆大河 1 号渣场	A 区一期	450	103	
	A 区二期	55	55	
	B 区垫渣区	50	7	
	B 区回采区	190	190	
	备用弃渣区	850	850	
	小计	1595	1205	
瓦支沟 2 号渣场	一期 A 区（3 号路与 13 号路的路堤）	2270	83	
	一期 B 区（11 号路与 13 号路的路堤）		610	
	二期 A 区（2730.00m 高程平台）		142	
	二期 B 区（2800.00m 高程平台）		1350	
	小计	2270	2185	已堆渣约 85 万 m³
左下沟 3 号渣场	A、B、C 平台	550	50	已堆渣约 500 万 m³
合计		4415	3440	

（2）施工场地需求。以开挖工程标实际施工进度安排，拟进场的三大主体标施工进度计划以及建设单位确定的项目总体建设目标，分析确定场地需求计划以及施工场地与弃渣量关系表，见表5.2和表5.3。

表 5.2　　　　　　　　　　　弃渣填筑形成施工场地时间表

日期	施 工 场 地	发 生 部 位
2015 年 5 月	左下沟 3 号渣场 A、BC 三个平台场地、瓦支沟 2730.00m 平台、3 号和 13 号路路堤	左下沟 3 号渣场、瓦支沟 2730.00m 平台、3 号和 13 号路路堤形成
2015 年 11 月	11 号和 13 号路堤	瓦支沟渣场 2800.00m 高程
2016 年 1 月	反滤料和掺和料加工系统场地	瓦支沟 2800.00m 平台
2016 年 3 月	大坝工程标 1 号掺和场一期场地	庆大河 1 号渣场 A 区一期 2658.00～2672.00m 高程
2017 年 1 月	瓦支沟混凝土骨料加工系统和瓦支沟混凝土生产系统场地	瓦支沟 2800.00m 平台
2018 年 3 月	大坝工程标 1 号掺和场二期场地	庆大河 1 号渣场 A 区二期 2658.00m 高程
2020 年 4 月	大坝工程标 2 号掺和场场地	瓦支沟 2800.00m 平台

表 5.3　　　　　　　　　　施工场地需求时间与弃渣需求量关系统计

日期	控制性项目要求	发 生 部 位	分期弃渣料需求量/万 m³	弃渣料累计需求量/万 m³
2014 年 6 月	明挖有用料开始堆存	庆大河 1 号渣场 B 区一期 2640.00m 高程垫渣区	7	7
2015 年 5 月	主体三大标进场	左下沟场地（50）、瓦支沟 2730.00m 平台（142）、3 号和 13 号路路堤（83）形成	275	282
2015 年 11 月	11 号和 13 号路堤形成	瓦支沟渣场 2800.00m 高程路堤	610	892
2016 年 1 月	提供反滤料和掺合料加工系统场地	瓦支沟 2800.00m 平台形成 9 万 m² 场地	400	1292
2016 年 3 月	提供大坝工程标 1 号掺和场一期场地	庆大河 1 号渣场 A 区一期 2658.00～2672.00m 高程场地 8 万 m²	103	1395
2017 年 1 月	提供瓦支沟混凝土骨料加工系统和瓦支沟混凝土生产系统场地	瓦支沟 2800.00m 平台 9 万 m² 场地	500	1895
2018 年 3 月	提供大坝工程标 1 号掺和场二期场地	庆大河 1 号渣场 A 区二期 2658.00m 高程场地 2 万 m²	55	1950
2020 年 4 月	提供大坝工程标 2 号掺和场	瓦支沟 2800.00m 平台形成 7 万 m² 场地	450	2400

（3）工程弃渣复核。以工程实际施工进度和剩余的开挖工程渣料计算。各部位弃渣量及施工时段统计见表5.4。

表 5.4 各部位弃渣量及施工时段统计

标段/部位	开挖弃渣料 /万 m³	弃渣堆存量 /万 m³	施 工 时 段
开挖工程Ⅰ标	237.0	262.9	2014 年 4 月至 2015 年 10 月
开挖工程Ⅱ标	1029.8	1107.2	
坝肩	102.0	113.1	2014 年 4 月至 2015 年 10 月
进口群边坡	672.6	746.3	2014 年 4 月至 2016 年 2 月
出口群边坡	255.2	247.8	2014 年 4 月至 2016 年 9 月
开挖工程Ⅲ标	26.5	38.4	2014 年 5 月至 2016 年 2 月
大坝工程标	1374.6	1387.1	
两河口石料场	995.8	966.8	2015 年 6 月至 2022 年 4 月
瓦支沟石料场等	378.8	420.3	2015 年 6 月至 2022 年 4 月
泄水建筑物工程标	85.0	82.5	2015 年 8 月至 2021 年 5 月
合计	2752.9	2878.1	

（4）场地形成时间复核。以需渣曲线和弃渣曲线（见图 5.37）形式表示，并通过几个关键节点予以分析。

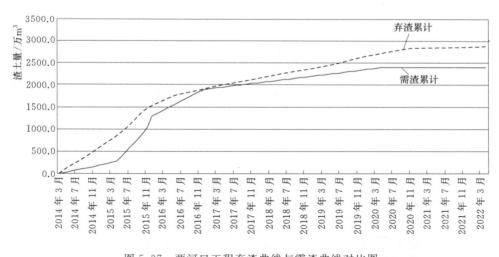

图 5.37 两河口工程弃渣曲线与需渣曲线对比图

通过工程弃渣曲线和施工场地需渣曲线的对比，工程开挖渣料的总量和施工时间基本满足工程施工场地的填筑要求，关键节点时间弃渣需求量和堆存量关系见表 5.5。

（5）采取的措施。鉴于 2017 年 1 月时间节点场地形成保证率低，采取调整两河口、瓦支沟石料场的剥离时序，即 2017 年的部分料场剥离提前到 2016 年实施。

（6）应用与实践。实施过程中，为了能够早日连通 3 号公路与 13 号公路、11 号公路与 13 号公路，一期弃渣先完成 3 号公路与 13 号公路连接路堤、11 号公路与 13 号公路连接路堤填筑，二期填筑形成 2730.00m 平台，三期填筑形成 2800.00m 平台。

表5.5　　　　　　　　　关键节点时间弃渣需求量与弃渣堆存量关系表

时间	2015年5月	2015年11月	2016年1月	2016年3月	2017年1月	2020年4月
弃渣需求量	282	892	1292	1395	1895	2400
弃渣堆存量	832	1388	1566	1625	1912	2701
差值	550	496	274	230	17	301

注　表中差值为正数，表明场地可以按期形成；差值越大，场地按期形成保证性越高。

目前，瓦支沟渣场正在逐步形成施工场地，2730.00m 高程平台场地、2800.00m 高程掺合料、反滤料加工系统场地、混凝土骨料加工系统场地、瓦支沟混凝土生产系统场地以及 3 号公路、11 号公路与 13 号公路的连接路堤等均已形成，根据剩余的开挖工程渣料分析，2020 年 4 月前可以形成大坝工程标 2 号掺和场场地。两河口工程瓦支沟渣场堆渣规划如图 5.38 所示。

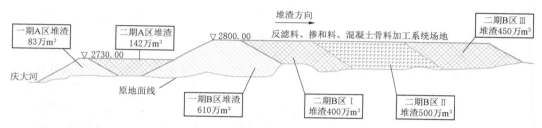

图 5.38　两河口工程瓦支沟渣场堆渣规划

（7）瓦支沟渣场三维动态规划设计成果。瓦支沟渣场三维动态规划设计成果根据工程土石方调运要求，利用 CATIA、3D Composer 等软件进行三维建模和演示，直观、明了地展现了渣场的填筑形成过程，并对渣场填筑形成场地时间能否满足工程建设要求进行了论证。

CATIA 三维建模实现了全参数化设计，主要设计成果如下：

1）渣场模型结构设计。首先，在 CATIA 中建立渣场控制结构树（见图 5.39），以进行下一步操作。

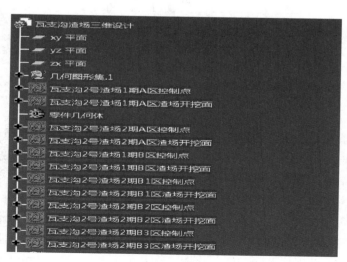

图 5.39　瓦支沟渣场模型结构树设计

2）渣场面设计。设定完渣场结构树后，利用 CATIA 及 Slope Smart 设计工具进行各渣场平台顶面、坡面的设计。渣场面与地形面如图 5.40 所示。

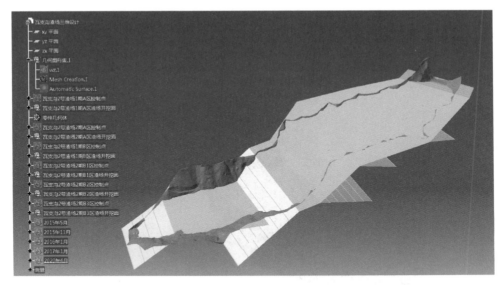

图 5.40　渣场面与地形面

3）渣体设计。在 CATIA 中利用形成的渣场面与地形面进行切割操作，形成各渣场平台的渣体，并可以利用测量工具测量出各渣体的准确体积。渣体与地形面如图 5.41 所示，从而可以准确计算出瓦支沟渣场的总共堆渣容积。

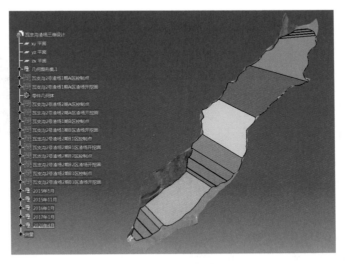

图 5.41　渣体与地形面

4）渣体堆渣动态设计。根据土石方调运规划，结合工程施工进度安排以及瓦支沟渣场各区、各时间节点的来渣量，对各时间节点上的堆渣体进行三维动态建模，直观演示渣场形成的时空过程，直观、明了地展现了渣场填筑形成过程。

渣场动态堆渣规划演示利用 3D Composer 软件进行，如图 5.42～图 5.47 所示。

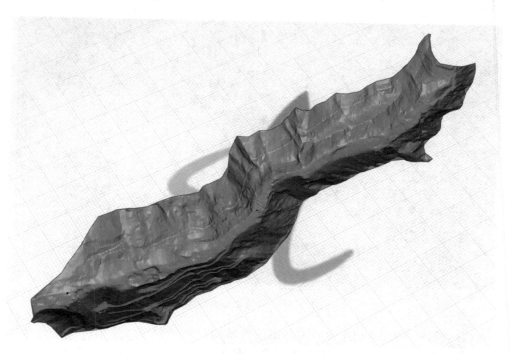

图 5.42　瓦支沟原始地形图

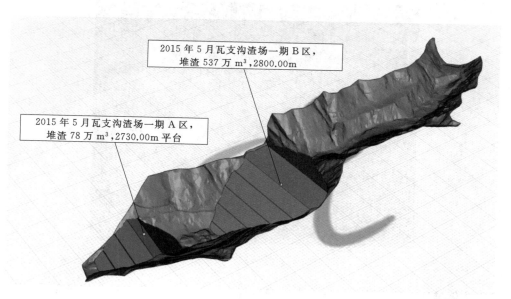

2015 年 5 月瓦支沟渣场一期 B 区，堆渣 537 万 m³,2800.00m

2015 年 5 月瓦支沟渣场一期 A 区，堆渣 78 万 m³,2730.00m 平台

图 5.43　瓦支沟 2015 年 5 月堆渣面貌

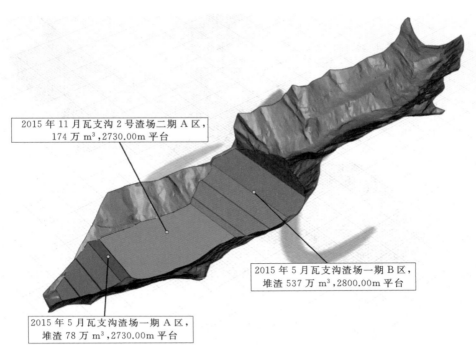

2015 年 11 月瓦支沟 2 号渣场二期 A 区，
174 万 m³, 2730.00m 平台

2015 年 5 月瓦支沟渣场一期 B 区，
堆渣 537 万 m³, 2800.00m 平台

2015 年 5 月瓦支沟渣场一期 A 区，
堆渣 78 万 m³, 2730.00m 平台

图 5.44　瓦支沟 2015 年 11 月堆渣面貌

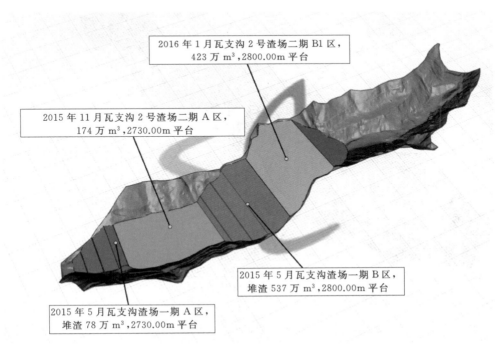

2016 年 1 月瓦支沟 2 号渣场二期 B1 区，
423 万 m³, 2800.00m 平台

2015 年 11 月瓦支沟 2 号渣场二期 A 区，
174 万 m³, 2730.00m 平台

2015 年 5 月瓦支沟渣场一期 B 区，
堆渣 537 万 m³, 2800.00m 平台

2015 年 5 月瓦支沟渣场一期 A 区，
堆渣 78 万 m³, 2730.00m 平台

图 5.45　瓦支沟 2016 年 1 月堆渣面貌

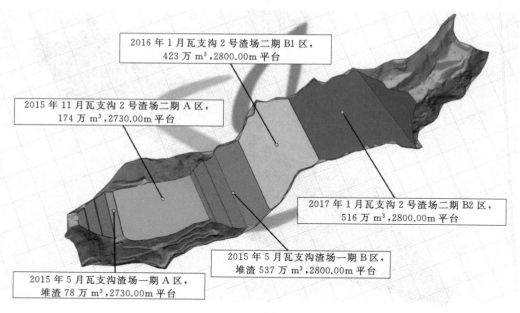

2016 年 1 月瓦支沟 2 号渣场二期 B1 区，
423 万 m³,2800.00m 平台

2015 年 11 月瓦支沟 2 号渣场二期 A 区，
174 万 m³,2730.00m 平台

2017 年 1 月瓦支沟 2 号渣场二期 B2 区，
516 万 m³,2800.00m 平台

2015 年 5 月瓦支沟渣场一期 B 区，
堆渣 537 万 m³,2800.00m 平台

2015 年 5 月瓦支沟渣场一期 A 区，
堆渣 78 万 m³,2730.00m 平台

图 5.46　预计瓦支沟 2017 年 1 月堆渣面貌

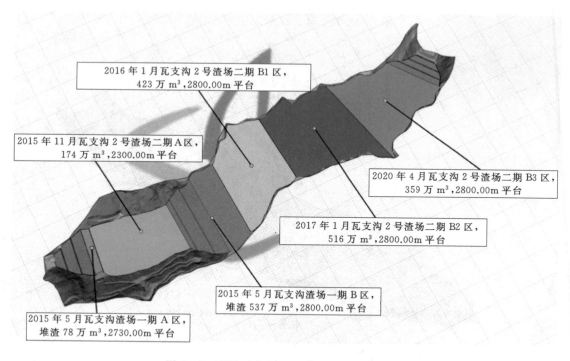

2016 年 1 月瓦支沟 2 号渣场二期 B1 区，
423 万 m³,2800.00m 平台

2015 年 11 月瓦支沟 2 号渣场二期 A 区，
174 万 m³,2300.00m 平台

2020 年 4 月瓦支沟 2 号渣场二期 B3 区，
359 万 m³,2800.00m 平台

2017 年 1 月瓦支沟 2 号渣场二期 B2 区，
516 万 m³,2800.00m 平台

2015 年 5 月瓦支沟渣场一期 B 区，
堆渣 537 万 m³,2800.00m 平台

2015 年 5 月瓦支沟渣场一期 A 区，
堆渣 78 万 m³,2730.00m 平台

图 5.47　预计瓦支沟 2020 年 4 月堆渣全貌图

　　瓦支沟渣场动态规划设计成果较好地解决了渣场填筑形成场地的时空问题，对高山峡谷地区的水电工程具有一定的指导作用。

三维动态规划设计成果数据精确，能够精确反映工程的建设数据，并且直观、明了地展现了工程建设过程，为工程建设提供超前预判，便于把控工程建设的方向，能够更好地指导工程建设，应用前景较好。

利用 CATIA 软件进行水电工程施工总布置进行智能设计，能快速计算料场、渣场及场平容量，实现布置自动优化调整。根据施工总进度，按照渣场的分布、功能需求等，将弃渣进行最优化调运，实现了渣场的科学规划对渣场的智能调运和动态规划，从而实现绿色生态布置。

参 考 文 献

［1］ 吴学雷. 水利水电工程施工总布置设计 BIM 应用研究［J］. 云南水力发电，2017，33（5）：70-73.

［2］ 姜军武. 水利工程施工布置的特点及总体布置措施［J］. 科技经济导刊，2018（7）：48.

［3］ 安玉云. 有关水利水电施工总布置方案的思考［J］. 城市建设理论研究（电子版），2015（8）：2160-2161.

［4］ 黄华栋. 试析水利水电工程施工总布置设计的规划和管理［J］. 大科技，2015（9）：80-81.

［5］ 郑晔. 水利水电工程建设施工组织设计研究［J］. 建筑工程技术与设计，2017，（32）：1702.

［6］ 敖黎明. 水电站工程施工总布置优化研究［J］. 黑龙江水利科技，2013，41（9）：116-117.

［7］ 张伟锋，杨晨光，曹驾云，等. 两河口水电站施工组织设计综述［J］. 东北水利水电，2017，35（2）：16-19.

［8］ 杜伶伶，樊启雄. 水利水电工程施工总布置设计规范化浅析［J］. 人民长江，2007，38（2）：37-38，46.

［9］ 吴瑜，何清，王岩. 高山峡谷地形水利工程施工总布置实例［J］. 内蒙古水利，2009（4）：28.

［10］ 何四平，刘琼芳，周绍红. 小湾水电站施工总布置［J］. 云南水力发电，2005，21（4）：71-75.

［11］ 何俊乔，谢孟良，崔金虎. 龙滩水电站施工总布置时空协调设计［J］. 水力发电，2004，30（6）：20-22.

［12］ 王德辉，刘晓艳，王文华. 水利水电工程施工布置及其优化分析［J］. 建筑工程技术与设计，2015（27）：1030，966.

［13］ 张伟波，朱慧蓉. 基于 GIS 的水电施工总布置可视化信息系统设计与实现［J］. 计算机辅助工程，2003，12（3）：65-69.

［14］ 樊启雄. 三峡二期主体工程施工总布置实施分析［J］. 中国三峡建设（人文版），2008（9）：64-71.

［15］ 梁毅. 长距离皮带机运输方案在桥巩水电站二期工程施工中的应用［J］. 红水河，2016，35（1）：12-17.

［16］ 王建平. 狮子坪水电站压力管道斜坡卷扬道的设计与施工［J］. 水电站设计，2012，28（4）：45-46，54.

［17］ 张理理，何良，周德彦. 长引水式电站隧洞支洞斜坡卷扬道设计［J］. 中国水能及电气化，2014（2）：66-70.

［18］ 刘飞，安正源. 大华桥水电站砂石加工系统长距离胶带机施工技术［J］. 云南水力发电，2016，32（3）：104-107.

［19］ 唐瑞. 长距离胶带机在水电工程砂石料系统工程中的应用［J］. 西北水电，2015（4）：55-58.

［20］ 刘镇. 锦屏一级水电站长距离胶带机的驱动与控制研究［J］. 人民长江，2013，44（14）：39-41.

［21］ 汪翔. 关于长距离胶带输送机存在的主要问题探讨［J］. 城市建设理论研究（电子版），2015（16）：3251.

［22］ 祝显图，黄田. 龙滩电站长距离高速胶带机自动控制技术分析［J］. 红水河，2005，24（3）：23-26.

［23］ 国家发展和改革委员会. 水电工程施工组织设计规范：DL/T 5397—2007［S］. 北京：中国电力出版社，2007.